芯片战争

脑极体 ◎ 著

历史与今天的半导体突围

北京大学出版社
PEKING UNIVERSITY PRESS

内 容 提 要

如今我们很容易发现，从"中兴事件""华为事件"到中美科技博弈等一系列大事，最核心的问题在于芯片。在中国走向科技自立的大势中，最紧要的问题就是解决"缺芯症"。一枚小小的芯片，究竟为何会变成制约中国科技发展的关键因素？环绕在中国外围的半导体封锁，究竟是如何一步步建立起来的？

另一方面，芯片产业本身的特质是高投入、高度集成化、全产业链分配。这些特质导致芯片产业必然不断发生旧秩序损坏与新规则建立。换言之，在芯片领域，"战争"是常态，而"和平"非常稀少。如果我们能读懂历史上已经存在的芯片战争与芯片博弈，那么也将能以最高的效率找到今天中国芯片的突围方向。

将历史经验与今天的情况相结合，或许会发现，我们此刻正身处一场从未停止过的"芯片战争"中。

图书在版编目（CIP）数据

芯片战争：历史与今天的半导体突围 / 脑极体著. —北京：北京大学出版社，2022.1
ISBN 978-7-301-32768-5

Ⅰ. ①芯… Ⅱ. ①脑… Ⅲ. ①芯片 – 技术发展 – 世界 Ⅳ. ①TN43-11

中国版本图书馆CIP数据核字(2021)第261873号

书　　　名	芯片战争：历史与今天的半导体突围
	XINPIAN ZHANZHENG: LISHI YU JINTIAN DE BANDAOTI TUWEI
著作责任者	脑极体　著
责 任 编 辑	王继伟　刘　倩
标 准 书 号	ISBN 978-7-301-32768-5
出 版 发 行	北京大学出版社
地　　　址	北京市海淀区成府路205 号　100871
网　　　址	http://www.pup.cn　　新浪微博：@北京大学出版社
电 子 信 箱	pup7@pup.cn
电　　　话	邮购部 010–62752015　发行部 010–62750672　编辑部 010–62570390
印 刷 者	北京鑫海金澳胶印有限公司
经 销 者	新华书店
	787毫米×1092毫米　16开本　15.5印张　221千字
	2022年1月第1版　2022年12月第3次印刷
印　　　数	6001–8000册
定　　　价	59.00 元

晶体管里的博弈论

科技的发展，是一往无前、乘风破浪，永远能带来一个个创业风口和生活享受吗？并不是。

从互联网狂热的梦境中醒来，近几年来越来越多的事情让国人开始重新认识科技产业的底色。从 2018 年"中兴事件"，美国商务部将华为列入出口管制"实体清单"，再到不断有中国企业、机构、院校被美国纳入科技封锁列表，很多事情让我们清晰地认识到，中国科技已经来到了另一个阶段——一个需要直面竞争甚至斗争的阶段。

科技是一个"阴阳共生"的领域。大多时候，科技的主流都是全球协作达成技术进步，并在交流和合作中造福人类。但也有很多时候，科技的核心是竞争、攻讦、妥协；是同一个机会中诞生的一千家公司变成三两家；是一个利润奇高的产业，往往只留下最后的胜利者；是国家与地缘之间的产业链竞争、封锁与支配。

而在今天的中国，处在"阴面"的科技问题，归根结底都绕不开一个关键词：芯片。

无论是通信、计算、操作系统，还是智能手机、服务器，从国家竞争到关键公司的生存，绕来绕去就会发现，问题的根本又回到了芯片。长期缠绕在中国外界的无形半导体枷锁，国产半导体产业缺乏基础产业层的事实，以及核心科技发展无法绕开半导体的常识，都不断在全球科技竞争的新态势中浮现出来，给尝遍科技红利的国人带来了深深的不安。面对这些严峻的问题和挑战，媒体与社交网络发出各种各样的声音，其中积极的、消极的、高喊口号的、大肆攻伐的兼而有之。

作为科技内容写作者，我们经常感觉到一种无力感：凭空发几句牢骚，放几个马后炮，或者大喊几声"加油""必胜"都太没有技术难度了。所以我希望和大家一起在这本书中换个角度思考问题：历史上不是只有中国，也不是只有中国企业面对过半导体产业链中的弱势地位，其中有些国家或企业确实一败涂地，但也有很多实现逆风翻盘的案例，那么它们究竟是如何成功的？它们的成功中是否有一些东西在今天也值得我们学习？

与其死盯着充满未知的未来，不如回到过去整理历史，寻求答案。毫无疑问，芯片是一把锁，我们可能要用一个甚至更多时代去打开这把锁。那么问题来了，这把锁是会自动打开，还是需要我们使尽蛮力给撬开，又或者需要使用不同的方法和角度来巧妙地打开？

我们不如回到半导体的历史中，用一个足够"大"的视角，去解析藏在晶体管中的博弈论。

为什么历史上的"陈芝麻烂谷子"对于今天中国破解"芯片困局"是有效的？毕竟今天的产业格局似乎牢不可破，中国面临的是西方国家数十年明确的产业封锁与产业链规则。但我们可能还是要逆向思考一下：今天这个半导体牢笼是怎么来的？要知道，中国半导体的起步并不晚，早在1956年，中国科学院应用物理研究所就研发出了晶体管。而历经数十年发展后，中国依旧要并入世界半导体体系，成为产业链中下游的成员。这意味着世界半导体格局对于中国是有价值的。要解决半导体之困，核心方案并不是几台光刻机和一套刻录技术，而是中国能否带来更充分、更重要的产业链价值，从而不断抬升自身的全球产业链区位。

回望历史会发现，半导体看似牢固的产业格局其实永远处在变化和革新的风暴中央。半导体，归根结底是一个在变化中改变或者保存产业链身位的游戏。在思考半导体如何脱困的问题时，有几件事情或许是认知前提。

（1）半导体产业很容易一步踩空，万劫不复。众多响当当的名字，都只有十年左右的光辉岁月。在变化多端的半导体行业，我们眼前的格局是必然会被打破的。问题在于，打破之后会不会向着我们希望的方向发展？

（2）半导体产业是一个与经济、政治、文化、全球协作紧密结合的产业。

远有"二战"后的产业复兴，"冷战"中的美日、美苏对垒，近有金融危机和互联网兴起，所有大事都紧密关联到半导体产业的变化。时机，以及积累能够创造时机的因素，对于半导体来说非常重要。

（3）作为在20世纪能与军火和航空并列的重要产业，半导体从来不是几个英雄的游戏。很多情况都是举国竞争，甚至引发国际间的合纵连横与全球产业链洗牌。半导体产业链与国家、企业、大众的协作非常重要，其间也留下了众多成败经验。

我们发现，历史中的经验和判断，也是一点点撬动"芯片铁板"的答案之一。

1957年，8个20多岁的年轻人在硅谷租了一间小房子。当时这家公司还没有拿到来自仙童的投资，罗伯特·诺依斯、戈登·摩尔这些日后被记录在《世界史》中的名字也还平平无奇。但就是这8个人在这间破屋子里研发出了仙童半导体，成就了日后"八叛逆"的传奇和驱动世界前进的硅谷（图0-1）。

图 0-1　仙童"八叛逆"

当然，我们不认为中国面临的半导体问题可以和这个故事类比。只是想说，中国的难题总不会比当时的仙童更多。所以我们希望能够回到历史现场，去分析彼时每个人、每家公司的困境，以及他们如何寻找出路。

在这本书中，我们希望和大家一起从两个部分理解关于芯片的博弈和纷争。上半部分聚焦历史，分析以往发生过的半导体技术、区位与公司博弈；下半部分回归今天，审视中国面临的半导体发展局面，以及中国芯片产业的真实动力与机会。其中疏漏之处在所难免，期待大家能够以此为门径，去发现更多芯片背后的规律与真相。

本书不预设立场和结论，而是与读者一起总结和梳理。最终在合上本书时，或许我们可以一起回答一些问题，比如，半导体突围如何制造变化、如何形成合力、如何培养生态，最终完成有利因素的积累，达成产业突围的目标。

我们无意触碰民族情绪，或者给未来做出我们能力之外非此即彼的判断。我们只想探究半导体产业在决策和逻辑层面的真相，以此为需要它的人铺平一点路上的坑洼。

我们写书的出发点依旧是那个基础认知：大的科技变局必然是社会各方协同共力的结果。你在某刻改变了一些想法，也许就是撬动未来科技博弈的蝴蝶振翅。

C目录
CONTENTS

上篇 历史上的"芯片战争"

上篇

历史上的『芯片战争』

第一章

技术变局

欢迎来到芯片战争。

半导体产业发展至今，内在核心显然在于技术进步。在晶体管计算能力刚刚被发现的年代，人们肯定无法想象有一天能在智能手机上览尽天下。70多年间，半导体技术革新推动了世界的车轮滚滚向前。在这个过程中，某一种技术战胜了另一种技术，成为"芯片战争"中火药味最淡，影响力却最大的一种。技术变革之路，是我们理解芯片突围历史的地图和坐标。

故事的原点，要回到"二战"的硝烟刚刚散去，科技博弈即将揭幕的20世纪中叶。

1 从电子管到晶体管的一跳

1999年，美国《洛杉矶时报》评选出"50名本世纪经济最有影响力人物"，其中并列第1名的有3个人：美国发明家威廉·肖克利、罗伯特·诺伊斯和杰克·基尔比。肖克利是晶体管的发明人之一，基尔比是集成电路之父，诺伊斯在基尔比的基础上发明了可商业生产的集成电路。

排在第 2 位至第 4 位的分别是现代汽车工业奠基人亨利·福特、连任四届美国总统的罗斯福，以及创办迪斯尼动画王国的沃尔特·迪斯尼。

回顾 20 世纪，无论是科技、商业，还是政治、军事、娱乐，几乎每一个领域都发生了狂飙突进式的巨变，并且都诞生了足以载入史册的重要人物。那么，在"群星闪耀"的 20 世纪，为什么是 3 位发明家获得最具影响力第 1 名的殊荣呢？

要知道，晶体管被誉为"20 世纪最伟大的发明"之一，而集成电路的发明被认为是"奠定第三次科技革命的基石"。环顾我们今天的生活，手机、计算机、电视、汽车等所有设备，都离不开一种最核心的关键元器件——芯片。芯片就是半导体集成电路的硬件化，而集成电路最基本的物理单元就是晶体管。晶体管可以称为人类从物理世界通向数字世界的"细胞"。

因此，如果你认可电子信息技术所造就的巨大经济社会价值，那么，你一定就会同意将"最具影响力"的殊荣送给这 3 个人。但是排名只是对历史的一种"简化"，推动这场技术革命的殊荣要分享给投身其中的众多科学家、发明家和企业家。

回到历史现场，完整还原半导体技术产业链条中的关键人物和重要节点，成为我们重新理解这场堪称"奇迹"的技术变革的基本方法论。而一旦回到现场，可能又会发现这样一个事实：所谓的"奇迹"并不神秘，一切皆有迹可循。

1947 年 12 月，世界上第一个晶体管在位于美国新泽西州的贝尔实验室被发明出来。但这不是这场技术变革的第一现场。先将目光投向 19 世纪末，前往爱迪生实验室，去瞥一眼那束照亮电子世界的微弱电流。然后再重新出发，回顾"电子管"长达半个世纪的传奇经历，从技术和产业变革的内在逻辑中，去理解为什么是一个"晶体管"最终赢得了历史的青睐，开创了被称为第三次技术革命的电子信息时代。

1883 年，爱迪生正饱受碳丝灯泡寿命问题所扰，他突发奇想地在真空电灯泡内部的碳丝附近安装了一小截铜丝，希望铜丝能阻止碳丝蒸发，但毫无悬念地失败了。不过他却发现，那根没有连接到电路的铜丝竟然产生了微弱的电流。尽管当时他并没有特别重视这一现象，但这位敏感的发明家仍然为这一发现申请了专利。

后来，这一现象被称为"爱迪生效应"，其产生的原因就是热能使物体上的电子克服束缚位能，通过热激发产生载流子。

受此启发，英国物理学家约翰·弗莱明在 1904 年发明了世界上第一个电子管——真空二极管（图 1-1-1），并获得了这项发明的专利权。

图 1-1-1　弗莱明发明的真空二极管

1906 年，美国工程师德·福雷斯特在真空二极管的基础上又加入了一个栅极，发明出新型的真空三极管（图 1-1-2），使真空管在检波和整流功能之外，还具有放大和震荡功能。德·福雷斯特后来拿到了真空三极管的专利。

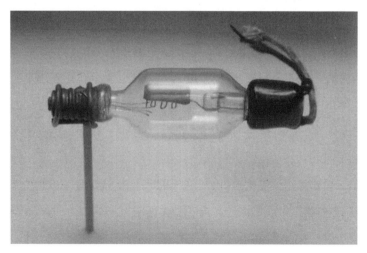

图 1-1-2　德·福雷斯特发明的真空三极管

1911 年，加入美国联邦电报公司的德·福雷斯特再次改进了真空三极管的排列方式，发明了 20 世纪最重要的一个电子器件——电子放大器，它可以大幅改进电报信号的输出质量。也正是基于这些功能，真空三极管被认为是电子工业诞生的起点。

此后的 30 多年，真空电子管技术和工艺得到大幅改良，并成为欧美几个大国重点争夺的"核心技术"。除了在无线电通信、广播领域的应用外，真空电子管还带来了全新的电子技术和最早的电子计算机。

20 世纪初，随着真空三极管的发明，人们意识到可以实现电子信号传递，而放大的三极管可以用于模拟计算。在真空三极管这样的电子器件基础上，人们研制出了电子模拟计算机。

1927 年，为解决真空三极管的放大信号在远距离传输中效果不稳定的问题，年轻的工程师哈罗德·布莱克提出了负反馈放大器的解决方案，并于 1934 年申请了专利。这一解决方案也成为运算放大器的核心原理，一直沿用至今，并且还使利用电子信号进行数学运算真正得以实现。

1941 年，德国人康拉德·楚泽使用了大量真空管，制造出第一台可编程的电磁式计算机，能够在每秒内执行 3 至 4 次加法运算。1944 年，哈佛大学研究人员霍华德·艾肯在 IBM 总经理托马斯·沃森的支持下，用机电方式研制出了 MARK I 号计算机，每秒可执行 3 次加法或减法运算。

"二战"时，由于出现了类似快速计算火炮弹道的需要，电子计算机开始有了非常现实的应用空间。到 1946 年，宾夕法尼亚大学的工程师埃克特等人共同研制出了真正意义上的第一台通用型电子计算机——ENIAC（图 1-1-3）。这台计算机使用了约 18000 只电子管，重约 30 吨，占地面积约 170 平方米，每秒钟可做 5000 次加法运算，在当时堪称奇迹。

图 1-1-3　1946 年，当时世界最先进的真空管电子计算机 ENIAC

ENIAC 成为这一时期真空管电子计算机最先进的代表作，也显示出电子计算机的广阔应用前景。在此基础上，数学家冯·诺依曼对 ENIAC 做了关键性改进，完善后的计算机模型至今仍然是现代计算机的基础架构。

不过，ENIAC 的缺陷也非常明显，庞大的体积、巨额的功耗、高昂的成本，以及受到真空管短暂寿命影响而带来的高检修率，使真空管计算机难以实现微型化和规模普及。

现实的需求和问题呼唤技术的创新，半导体材料的发现让变革成为可能。基于半导体材料的晶体管的出现，让新一代电子计算机登上历史舞台，一骑绝尘，开启了我们现在熟知的"摩尔定律"时代。

1947 年的 12 月 23 日下午，圣诞节前两天，贝尔实验室的沃尔特·布拉顿和希尔伯特·摩尔来到实验室进行半导体放大实验。他们将一个具有放大功能装置的一端连接到一个麦克风，另一端连接到一副耳机。摩尔与布拉顿用麦克风讲话，其他人则从耳机里听到了被放大了 18 倍的声音。这一实验的成功标志着第一个基于锗半导体的点接触式晶体三极管的诞生（图 1-1-4）。

图 1-1-4 贝尔实验室诞生的第一个锗半导体点接触式晶体三极管

完成这一项目的是贝尔实验室肖克利领导的固体物理研究小组。1945 年，肖克利牵头成立了这一小组，并和化学家斯坦利·摩根、固体物理学家约翰·巴丁、实验物理学家沃尔特·布拉顿一起开始了对于半导体材料的研究。

经过多次失败，他们尝试用锗和硅来制造半导体放大器。1947 年 12 月 15 日，在布拉顿精湛技术的操作下，终于完成了一个由锗块、金线、弹簧、电池等组成的装置，并且观察到随着锗块上两个接触点的靠近而产生的电压放大作用。

第二天，布拉顿在实验笔记中写下："在锗表面上，用点接触方法加上两个电极，间隔 400 微米，此时 1.3 伏的直流电压被放大了 15 倍。"在这个实验数据下面，肖克利作为小组组长和见证人签上了名字。这一装置在几个月之后被贝尔实验室正式命名为"晶体管"。晶体管的英文为 Transistor，即由传导（Transfer）和电阻（Resistor）两个词合成。

有趣的是，专利之争再次出现在晶体管的发明权上。尽管晶体管的理论是基于肖克利的场效应理论，肖克利也直接参与了整个研究过程，但是这一晶体三极管的专利申请书上没有他的名字。当时专利代理律师给出的理由是，肖克利的场效应理论与一项 1925 年生效的专利冲突，另外，1947 年 12 月 23 日那场决定晶体管诞生的实验中，肖克利本人并不在场。

这一结果自然让肖克利非常生气，天才的愤怒就是用才华来回应他人的质疑。一个月后，也就是 1948 年 1 月 23 日，肖克利提出了更先进的结型晶体管的构想。1950 年，第一个结型晶体管问世。同年 11 月，肖克利发表了论述半导体器件原理的著作《半导体中的电子和空穴》，从理论上详细阐述了结型晶体管的原理。至此，肖克利再次证明了他在晶体管的发明上具有独一无二的贡献。

1956 年，因为对半导体的研究贡献和晶体管的发明，肖克利与巴丁和布拉顿共同荣获当年的诺贝尔物理学奖（图 1-1-5）。

图 1-1-5　巴丁（左）、布拉顿（右）和肖克利（中）

晶体管的发明，并非一个天才一时的灵光乍现，即便是肖克利这样聪明又勤奋的科学家，也是在团队的协助下才真正将发明落地。而在此之前，还需要长达一个世纪的理论准备和半导体材料的技术积累。

1833 年，英国科学家法拉第在测试硫化银特性时，发现硫化银的电阻随着温度的上升而降低，这是人类首次发现的半导体现象。此后数十年间，半导体的光生伏特效应、光电导效应、半导体导电单向性的整流效应陆续被发现。

进入 20 世纪，关于半导体的整流理论、能带理论、势垒理论终于在众多科学家的努力下相继完成，而肖克利对半导体的整体理论的构建正是在前人的基础上完成的。

同样，半导体材料也在科学家们对半导体理论的研究中逐渐成熟。最初科学家利用半导体材料的整流效应来制作检波器（点触式二极管）。1907 年到 1927 年，美国的物理学家成功研制晶体整流器、硒整流器和氧化亚铜整流器。1931 年，兰治和伯格曼成功研制硒光伏电池。1932 年，德国先后成功研制硫化铅、硒化铅和碲化铅等半导体红外探测器。

此后，四价元素锗和硅成为人们常用的半导体材料。而在肖克利发明锗半导体的晶体三极管的几年后，人们发现硅更适合生产晶体管。此后，硅成为应用最广泛的半导体材料，这也是美国北加州那块狭长湾区被称为"硅谷"而不是"锗谷"的原因。

总体来说，使用半导体材料制成的晶体三极管，既具有真空电子管的功率放大和开关作用，又避免了真空电子管高耗能、低寿命、低效率的致命缺陷。更为关键的是，半导体晶体管以不断缩小的工艺特点，为电子设备的微型化提供了可能。更小的体积、更快的速度、更可靠的稳定性，让晶体管成为现代电子信息技术革命的基石。

从 1954 年到 1956 年，美国共销售了 13 亿个真空管，市场价值超过 10 亿美元，而这期间共销售锗晶体管 1700 万个、硅晶体管 1100 万个，价值约 5500 万美元。两者看似相差悬殊，但此后真空管迅速衰落，晶体管正式登场。

简要回顾完从电子管到晶体管的跃迁的关键历史现场和重大技术节点之后，我们可以再一次确认晶体管的发明并非奇迹，导致其最终出现的每一个技术因素，都可以在将近百年的电子技术的演化过程中得到还原。

电子管在电子计算机上的成功应用，已经从原理和实践上证明了电子元件的广阔前景，晶体管只是完成了对电子管的功能的完美复制。半导体材料的独特优势又解决了电子管难以克服的问题，使晶体管可以在微型化的道路上一骑绝尘。

最终，晶体管得以在 1947 年，由肖克利、巴丁、布拉顿这些在半导体领域倾力投入的创新者手中问世。

如果我们能够和弗莱明、德·福雷斯特、肖克利等人一起工作的话，就一定会切身感受到这些科学家、发明家们在技术创新上的非凡热情，以及他们想把技术发明转化为商业财富的巨大渴望。

如果我们再把视野放大到这些天才们身处的时代环境，就会发现英国、美国先后成功主导两次工业革命的关键在于，逐步建立起的一整套鼓励自由竞争的市场体制、企业争相参与的技术研发机制，以及国家信誉保证的专利制度。

正是在竞争激烈但规则有序的市场环境中，科学研究和技术发明才得到了来自商业方面最大限度地投入和支持，企业的商业利益也因为技术成果的转化而得到最大化的实现。

在上面出场的科学家和发明家的背后，我们能够看到一长串知名企业的名单：马可尼公司、通用电气公司、西屋电气公司、西门子股份公司、IBM、仙童半导体公司等。后面我们会再次回到历史的现场，和这些名声赫赫的企业与人物相遇，见证他们所开启的这场风起云涌的半导体产业浪潮。

2 "硅"的解锁：半导体材料战争

在历史学家汤因比眼中，人类社会发展的规律即"挑战和应战"，文明是在"挑战和应战"这对矛盾中诞生和延续的。应战成功，文明可以继续向前发展，反之则会导致文明的流失。

在半导体不算漫长的历史进程中，出现过无数个这样的"挑战与应战"，它们大多时候是由某一个企业或国家施与另一个竞争对手的。

那些被狙击的产业体系，就如同被三体人派出的"智子"锁死了一样，再也无法实现科技升级，进而失去了向前发展的可能性。所以，走出半导体产业封锁的囚笼、突破一个个"智子"的封锁，就变成了核心要务。其中一个非常重要的"智子"，叫做：硅。

从西部"淘金地"，再到"点石成金"的"硅谷"，一个普通的旧金山南方小城，不仅拥有仙童半导体公司、英特尔、谷歌等明星企业和富可敌国的资本，更影响了全人类的生活方式与文明进程。硅谷用了不到百年的时间与硅结下不解之缘，又为何在成为高科技之都后，失去了对硅材料的统治权？

以硅砂为原料的半导体行业兴起，源于一个儿子想要从大城市回乡的愿望。

1956年，因为母亲年事已高，肖克利辞去了贝尔实验室的工作，回到了故乡——加州的圣塔克拉拉县，也就是后来的硅谷。在此之前，旧金山湾区最为人熟知的矿藏是金子。而肖克利的到来，为这里开启了第二次"淘金热"，资本和人才疯狂涌入的目标，则是新时代白色的金子——半导体硅（Si）。

此前，关于半导体材料的研究已经持续了上百年。人们发现，许多元素和化合物具有半导体性质，在常温之下的导电性能处于导体与绝缘体之间。因为导电性可控，半导体非常适合用来制作电子元器件。

理论上，所有半导体都可以用来制造现代生活不可或缺的芯片，为什么最后只有硅脱颖而出，成为集成电路的基础，并成功晋升为最具商业价值的材料呢？

其实一开始，硅并不是集成电路的第一选择，它的崛起历经了一个漫长的时期。为了便于读者理解，可以从三个历史事件中得到至关重要的线索。

事件一 ▶ **1956 年，肖克利半导体实验室有限公司的成立**

1956 年 6 月，肖克利从贝尔实验室辞职，回到老家——位于美国加利福尼亚州的圣塔克拉拉县，创办了肖克利半导体实验室有限公司。当时，美国绝大多数高科技研究中心都位于美洲大陆的东海岸。位于美国西海岸的硅谷，后来之所以能够汇聚并孵化出一大批电子企业尤其是半导体公司，正是始于肖克利的这次回归。

在贝尔实验室工作期间，肖克利参与研发了世界上第一个晶体管（图 1-2-1），使他声名鹊起，但这块晶体管，其实跟硅并无关系，是由锗制造的。肖克利非常确定，硅将最终取代锗，作为晶体管结构的主要材料。

返乡之后，肖克利组建了一个由年轻科学家和工程师组成的团队，其中一些成员还来自贝尔实验室，成为硅谷第一家从事硅基半导体器件研发的高科技公司。

肖克利实验室，被认为是"硅谷的出生地"，它的诞生对于半导体产业有着重要意义。

图 1-2-1　世界上第一个晶体管

事件二 ● 1959 年，仙童半导体实现集成电路规模化制造

尽管肖克利奠定了硅晶体管的发展方向，但他的实验室却连一个硅晶体管也没能生产出来。真正让硅晶体走入市场的是另一家公司——仙童半导体公司（Fairchild Semiconductor）。

1957 年末，8 个年轻人受不了肖克利的臭脾气，集体辞职，在硅谷租了一间小房子，成立了仙童半导体公司（以下简称仙童）。肖克利暴跳如雷，大骂他们是"八叛逆"。

次年，拥有两个博士学位的金·赫尔尼（图 1-2-2），用被他称作"大学水平"的物理知识发明了一种平面工艺技术，来使用硅制造晶体管。后来，这项技术被评定为"20 世纪意义最重大的成就之一"，并奠定了硅作为电子产业中关键材料的地位。

图 1-2-2　赫尔尼

此前，大部分电路都是靠人工将单个的晶体管、电阻器、电容器和二极管连接在电路板上的。赫尔尼提出了一种光学蚀刻的处理方法，可以在硅片平面上将

集成电路生产出来。

其逻辑和现在的芯片制造类似，先手工画出布局图，然后做成透光片，在光滑的硅片上涂上感光材料，用紫外线/激光投射上去，黑暗区域和线条就会留在硅片上，再用酸液清洗，重复几次，就可以在硅晶圆上得到大批晶体管。这种平面处理工艺将原本复杂的高台式晶体管制造过程变得十分简单高效。

1959 年，赫尔尼跟诺伊斯开会的时候，提交了这个工艺的最新版本。从此，一次性制作集成电路的时代开始了。随着扩散型硅晶体管的大量上市，仙童打败"锗集成电路"，跃升为跟德州仪器同台竞技的半导体新贵。

事件三 ◆ 1980 年，美日半导体战争

肖克利与仙童催生了全球半导体产业。到了 2018 年，全球前五大硅晶圆供货商分别是日本信越化学、日本三菱住友（SUMCO）株式会社、中国台湾环球晶圆、德国世创（Siltronic）和韩国 LG。其中，没有一家是美国的企业。

这种切割和产业轮替有一条不那么精确的时间分割线，那就是 1980 年。

在此之前，美国厂商是毫无疑问的半导体材料领军者，而英特尔是当之无愧的航标。通过力推硅芯片，英特尔先后打败了竞争对手摩托罗拉、德州仪器、IBM 等，成为半导体存储领域的霸主。硅芯片等于半导体芯片的产业地位，也就此尘埃落定。

在英特尔大举进步的同时，也有不少企业虎视眈眈。新兴的电子产业（尤其是硅晶体管）吸引了美国其他企业以及海外同行的注意。孟山都公司（以下简称孟山都）的两家研究实验室（圣路易斯和俄亥俄州）都开始研究硅材料。1959 年，孟山都 MEMC 的 ST.PETERS 工厂开工建设，生产晶体管和整流器材料"超纯硅"，并先后解决了许多技术难题。伴随着英特尔等一批"前辈"开始向微处理器转型，硅片制造的买卖就开始被孟山都垄断。到了 1979 年，孟山都成为全球硅晶片供应商的龙头，占据了美国 80% 的 FZ 单晶业务。

与孟山都同时开始切入硅晶圆市场的，还有日本厂商。20 世纪 50 年代末，

日本先后成立了小松电子金属、信越半导体、东洋硅等公司，开始了技术引进。尽管技术落后于美国，但也凭借低廉的成本和价格抢占了不少市场份额。但日本不甘于一直做替代品，1971 年，日本通商产业省（以下简称日本通产省）制订了赶超美国半导体产业的计划，1976 年成立"超大规模集成电路技术研究组织"，日电 NEC、富士通、日立、东芝、松下等厂商都有投资，并顺利实现了技术突破，在存储领域，日本开始与美国并驾齐驱。加上 20 世纪 80 年代美国经济衰退，日本企业的效率优势进一步放大。到 2000 年，尽管以孟山都为代表的美国厂商仍然在技术上占据优势，但产业话语权已经移交到日系硅晶圆厂商手中。2005 年，日本信越占全球 300mm 晶圆的 50% 市场份额，日系厂商则占据了全球 65% 的市场份额，而北美和欧洲仅各占 15% 左右。

除了核心的硅晶圆，国际半导体产业协会的数据显示，在光刻胶、键合引线、模压树脂以及引线框架等重要的半导体制造材料上，日本也处于绝对的领导位置。直到今天，尽管日本企业在消费半导体领域的优势已经不再，但在半导体材料方面，却仍占据着主动权。

2019 年 7 月 1 日，当日本经济产业部宣布加强对韩国的半导体材料出口管制时，三星电子、SK 海力士等韩国半导体企业立即拉响了警报。从美国硅谷到日本东京的材料技术与产业变迁，映射着一个另类的半导体宇宙。其中有三个关键点是突破半导体封锁必不可少的。

1. 持续创新的商业眼光

起初，美国半导体企业都认为日本制造擅长模仿，但是当日本企业投入大量资金进行技术研发和产品创新时，一切都不同了。反观孟山都，在竞争失利后转型进入清洁能源领域，最后仍然没能逃脱破产的命运。一个企业乃至一个国家的技术话语权，就在这样永不停歇的追赶中铸成。

2. 精益管理的高端制造

半导体产品对硅晶圆的纯度要求很高，正是因为制造难度大、技术迭代快、制造设备更新频繁，所以要求材料企业需要有严苛的精益管理能力来控制成本、提升效率，从而确保盈利能力。日本半导体材料企业能够崛起，与其精益求精的

生产制造不无关系。

3. 电子产业的强势拉动

从 1960 年开始，日本企业 NEC 开始研发集成电路，东芝、日立也都在存储领域争夺市场份额。即使美国芯片制造商做出封锁，日本的电子产业也能够为材料厂商提供出口。集成电路市场的发展对硅晶圆材料产业有着至关重要的影响，更是驱使其技术更新迭代的核心动力。放弃了自主产权芯片产业发展的市场，半导体材料厂商自然同气连枝。

在人类历史长河中，像"硅"这样"点石成金"的奇迹并不多见。它所演绎的材料传奇，点燃了加州的电子之光，也伴随着半导体组件在人类社会的每一个角落闪烁着光辉。

③ 光刻技术的"鬼斧"之变

回顾半导体产业历史，我们很容易会把从晶体管到集成电路的发明，再到今天超大规模集成电路的出现，看作一件水到渠成的事情。但是如果回到半导体产业初兴的历史现场，就会发现没有任何一项伟大发明是"必然"会出现的。

光刻技术正是半导体芯片得以出现的关键技术之一，而且仍然是今天高端芯片的核心制造工艺。光刻机更是被誉为半导体产业皇冠上的明珠。

在试图探讨我国应如何实现半导体产业突围的当下，光刻技术和光刻机始终是我们无法回避的技术隐痛，也是我们必须跨越的一座技术高峰。

不过，高端光刻机所涉及的技术种类之多、技术难度之高、产业链之复杂，远超外行人的想象。在半导体产业 70 多年的进程中，正是光刻技术的不断改进推动了芯片结构的迭代升级。同时，光刻技术以及与其相伴而生的光刻机、光源、光学元件、光刻胶等材料设备，也形成了极高的技术壁垒和错综复杂的产业版图。

但我们无论如何也想不到，光刻技术的原理其实非常简单，那就是为硅晶体

"拍照"。这就要从光刻技术诞生的历史现场说起了。

从晶体管的发明到集成电路芯片的出现，中间要跨越一个巨大的技术鸿沟，那就是如何将大量的电子器件微型化，然后集成在一小片电路上。为了完成这一跨越，全世界最聪明的电子工程师们花费了十年的时间，这十年也成为电子技术史上的第一个关键时期。

20 世纪 50 年代，在芯片出现之前，电子器件的连接几乎都要依赖手工完成。当时美国海军的一艘航空母舰有 35 万个电子设备，需要上千万个焊接点。这样的工程量使电子设备的生产效率严重低下，电路的成品率也完全依赖操作人员的熟练度和准确度。

整个电子产业界都在呼唤微型化集成电路芯片的出现，而制作芯片的工艺正在贝尔实验室中酝酿。

从 1950 年起，贝尔实验室的几位化学家陆续完成了锗晶体和硅晶体的提纯。到 1955 年初，亨利·索罗制造出了杂质浓度小于千分之一的硅晶体。

与此同时，化学家卡尔文·富勒领导的小组研发出高温下锗晶体的杂质扩散工艺，可以通过精准地控制杂质进入锗晶体的深度和数量，制造出 PN 结。P 型、N 型半导体是晶体管的基本结构，P 型半导体以空穴带正电荷（Positive）而得名，由掺杂少量硼元素或铟元素而形成的硅（锗）晶体；N 型半导体是以电子带负电荷（Negative）而得名，由掺杂少量磷元素或锑元素而形成的硅（锗）晶体。PN 结就是由掺杂工艺形成一边是 N 型半导体和一边是 P 型半导体紧密接触形成的交界面而构成。PN 结具有单向导通、反向饱和击穿导体等特性，成为构成一个二极管的基本特性。

1955 年，富勒研究小组已经把扩散技术应用在硅晶体上面，通过扩散技术将两种杂质注入硅片上，形成 NPN 结构，而 NPN 结构就是由 2 个 PN 结形成的三部分半导体结构，是组成三极管的基本结构，不同的构造方式也可以形成 PNP 结构，二者极性相反。扩散技术作为制造 NPN 结或 PNP 结晶体管的基础工艺，沿用至今。在贝尔实验室工作的卡尔·弗洛希和林肯·德里克为扩散技术提出了一种全新的方式，那就是在硅片表面生成一层氧化膜，在其上蚀刻出窗口图形，从而使杂质只能从窗口扩散到硅衬底中，覆盖氧化膜的地方则被保护了起来。

在这些基础工艺出现之后，光刻技术也呼之欲出。1955 年，贝尔实验室的朱尔斯·安德鲁斯和沃尔特·邦德开始合作，将制造印刷电路的光刻技术用于硅片加工，其方法就是在二氧化硅的氧化膜上均匀地涂抹一层"光致抗蚀剂"（也就是光刻胶），随即通过光学掩模的方式将窗口图形暴露在这一图层上，形成精准的窗口区域。然后通过化学蚀刻使这一"窗口"真正成型，同时除去未曝光的光刻胶。最后将所需杂质通过这些"窗口"扩散到下面的硅衬底中，从而形成半导体器件所需的 P 型和 N 型结构，构成更精准、更复杂的半导体器件。

简言之，光刻机将光源通过光学掩模，对涂了光刻胶的硅晶圆进行曝光，曝光后的光刻胶发生变化，也就是"复印"了掩模上面的图形，最终使晶圆上面产生了电子线路图，再通过扩散工艺形成晶体管。光刻技术就是将芯片所需的电子线路和功能区制造出来。

提纯技术、扩散技术、氧化层掩膜技术以及最为关键的光刻技术，彻底填平了从晶体管分立器件到集成电路的那条巨大鸿沟。

巧合的是，光刻技术的发展还有一条支线。就在贝尔实验室取得半导体制造工艺时，当时为美国国防部研究固态电路微型化的两位工程师杰伊·莱斯罗普和詹姆斯·纳尔，已经在 1952 年开始使用光刻胶来制作锗晶体管。1957 年，两人在贝尔实验室技术成果的基础上进一步改进了光刻技术，制成了小型化的晶体管和陶瓷的混合电路，并创造了"光刻"（Photolithography）一词。

1958 年，仙童的霍尼发明了平面工艺，解决了晶体管的绝缘和连线问题，同时拉斯特和诺伊斯造出了世界上第一台光刻照相机，用于硅基晶体三极管的制造。1959 年，仙童研制出世界上第一个单结构硅晶片，1963 年，又研制出 CMOS 制造工艺，成为今天集成电路产业的主流制造工艺。

20 世纪 60 年代初，光刻技术还非常不成熟，当时掩模板是以 1:1 的比例贴在晶圆上，而晶圆的大小也只有 1 英寸。因为光刻工艺的原理就如同照相一样，所以当时许多半导体公司还自己设计相关光刻工具和装备。但很快，带有高微缩倍率的专业光刻机出现了，使光刻技术成为极少数企业才能掌握的核心技术，光刻机也成为制造芯片的关键设备之一。

1965 年，仙童的戈登·摩尔通过观察发现，每代芯片几乎都是前一代芯片容量的两倍，以此提出了推动半导体技术持续升级的"摩尔定律"（图 1-3-1）。最初的版本是，集成电路芯片上可容纳的元器件数目，在价格不变的基础上每年翻一番。1975 年，摩尔又改为每两年翻一番，而后来流行的版本是每 18 个月翻一番。

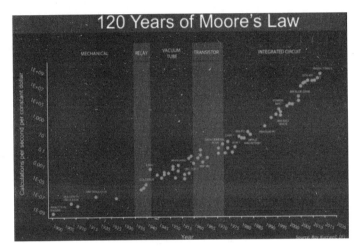

图 1-3-1　摩尔定律的推进路线

现在来看，帮助"摩尔定律"实现的关键正是光刻技术的进步。随着集成电路元器件的尺寸不断缩小，而芯片集成度和运算速度又不断提高，导致对光刻技术的分辨率要求也越来越高。最终摩尔定律的实现正是同这一光学分辨率息息相关，而光学分辨率则是由一个瑞利公式决定的：$CD=k_1*\lambda/NA$。其中，CD 为曝光关键尺寸，k_1 为工艺常数，λ 为光波长，NA 为投影物镜的光学数值孔径，CD 值越低，代表分辨率越高。也就是，光刻技术只有每两年把 CD 值降低 30%~50%，摩尔定律才能得以应验。

所以，提高光学分辨率的方法有 3 种：降低 k_1 值，提高光学数值孔径 NA，降低波长 λ。在现实的技术工艺中，k_1 值和 NA 值的改进有限，因此降低曝光光源的波长 λ 就成为光刻技术的发展趋势。

半导体的曝光光源经历了 20 世纪 60 年代的可见光，20 世纪 80 年代的 436nm、365nm 近紫外波段的高压汞灯光源，20 世纪 90 年代的 248nm 深紫外波段的准分子 KrF 激光、193nm ArF 准分子激光，也就是今天主流计算机芯片制造还在使用的 DUV 激光光源。

20 世纪 90 年代末，如何突破 193nm 波长，迈向更精确的曝光光源波长，成为决定光刻机产业格局的分水岭。

当时美国的 SVG、日本的尼康，都基于此前一直使用的干式光刻法，选择了更稳妥的 157nm 的 F2 激光。而英特尔和美国能源部共同发起，联合摩托罗拉、AMD 等组建了 EUV LLC 联盟，主攻一种非常超前的 13.5nm 的 EUV 极紫外光光源。此外还有更小众的 EPL、离子光刻等，不过当时这些尝试都失败了。

有趣的是，从 IBM 离职加入台湾积体电路制造股份有限公司（以下简称台积电）的工程师林本坚，在 2002 年提出了一种基于 193nm 波长，但改为用浸润式的光刻技术，也就是在光刻胶上方加上一层薄薄的水，来把 193nm 波长折射成 134nm，一下子突破了干式光刻法的 157nm 的难关。此后浸润式光刻技术经过多次工艺改进，更是做到了 22nm 制程。

图 1-3-2　ASML 的第一台浸润式光刻机

最先敢于选择浸润式光刻技术的，就是那个"天选之子"一般的荷兰阿斯麦尔公司（ASML）。最终，在 ASML 和台积电的通力合作下，率先将 193nm 浸润式光刻机生产出来（图 1-3-2），也正是这一领先尼康 3 年的新产品，让 ASML 彻底赢得了光刻机绝大部分的市场份额。而经此一役的尼康再也没能拿出更高水平的光刻机，至今只能停留在中低端市场。在此之后，光刻机的高端赛道上只剩下ASML和独步天下的EUV光刻机。

在数十年的光刻技术演进过程中，我们其实也能隐约看到一条光刻机产业的发展脉络。

首先，半导体晶体管以及光刻技术始于美国AT&T下辖的贝尔实验室，但是，在专利制度如此完善的美国，为什么AT&T没有凭借这些技术成为半导体产业的领军者，而是在短时间内出现如此众多的半导体企业？

半导体技术之所以能够快速开枝散叶，其实源于当时AT&T正在面临美国政府的反垄断压力，不得不妥协将半导体技术公之于众。1956年，贝尔实验室在半导体晶体管技术分享会上，正式公布了光刻、扩散技术和氧化层掩膜技术，连同早在1952年就出售的晶体管生产技术，直接支持了德州仪器、IBM、摩托罗拉、索尼等公司的半导体事业的壮大，也间接催生了仙童、英特尔、AMD等后来的半导体巨头。

随后，光刻技术的公布和扩散更是引发了持续至今的光刻机产业的革新和版图迁移。

最先受益的自然是美国企业。1961年，美国GCA医疗技术公司制造出了第一台光刻机。20世纪70年代，美国Kasper仪器公司、Perkin Elmer（简称P&E）公司先后推出对齐式、投影式光刻产品，占领了光刻机市场的先机。1978年，GCA又推出了真正意义上的第一台自动化步进式光刻机Stepper，分辨率可以达到1μm，占据了当时的市场主导地位。

20世纪60年代末，由于当时光刻技术门槛并不高，日本的尼康和佳能开始涉足光刻机生产。到了80年代，尼康发售了自己制造的首台商用步进式光刻机NSR-1010G（图1-3-3），拥有更先进的光学系统和自研的镜头，逐渐从GCA手里夺下了IBM、英特尔、AMD等半导体大客户。直到1984年，尼康已经可以和GCA平起平坐，各自占据30%的市场份额。Ultratech、Eaton、P&E、佳能、日立等几家企业瓜分了剩下40%的市场份额。

图 1-3-3　1980 年，尼康推出步进式光刻机 NSR-1010G

随着 1986 年美国半导体市场大滑坡，GCA 因为新产品开发不利，落得卖身关门的境地。Ultratech 在被管理层收购后发展停滞不前，P&E 的光刻机部门也在 1990 年被卖给了 SVG，至此美国光刻机三巨头陨落。而日本的尼康、佳能占据了绝大部分市场份额，刚刚起步的 ASML 只拿到 10% 的市场份额。20 世纪 80 年代是日本光刻机产业的"光辉"时刻。

20 世纪 90 年代，是尼康和 ASML 双雄争锋的时期。但随着 21 世纪初的那一场干式和浸润式光刻法的技术路线之争，尼康落败，ASML 最终胜出，其霸主地位至今牢不可破。

总之，在光刻技术发展的 60 年时间里，光刻机企业走马灯似的快速淘汰和兴起，其实背后有一个非常残酷的现实逻辑，那就是作为半导体上游产业的光刻机，其销售市场非常狭窄，销量也十分有限，当时一家企业的年销量也不过几十台。但是，光刻机又是一个需要巨额资金持续投入研发、持续更新迭代的高精尖技术产业，芯片工艺制程越小，研发难度、投入成本就会呈指数级增长。一旦一家企业出现产品的技术停滞或断档，领先一步的企业就会拿走少数几家半导体厂商的绝大多数订单，而落后的企业也会因失去关键营收而无力进行光刻机新品的研发和生产，最终失去参与竞争的机会。

简单来说，光刻机产业的逻辑就是赢者通吃，高端光刻机厂商全世界可能只需要一家就够了。

但是对于我国的半导体产业来说，我们想要实现突围的一项核心任务，就是要么可以拿到 ASML 的高端 EUV 光刻机，要么就实现 EUV 光刻机的国产替代。

不过，当我们了解了光刻技术和光刻机产业的演变过程之后，就会更清楚地了解当前所面对的进退两难的突围困局。

首先，我国在发展光刻机产业上投入的时间并不短，但是我们在核心技术和专利上的积累仍然严重不足。关键专利技术和关键零部件受制于人，成为卡住我国半导体产业咽喉的巨大隐痛。

一直以来，日本的尼康、东京电子、佳能都是光刻机专利的申请大户。20 世纪 90 年代之后，ASML 的光刻机专利数也大幅增加，并且日本、美国和韩国也有较多的专利布局。相比之下，我国的光刻机相关专利申请比例仍然很低，而且近几年也没有显著增加的趋势。基础技术垄断、技术研发门槛高，成为我国光刻机行业难以突破的一大因素。

其次，为应对日益高昂的芯片制造成本，芯片行业采取的方式就是企业间的并购重组，目前最先进的芯片生产线只属于英特尔、三星和格罗方德等少数几家芯片制造巨头，他们与原材料供应商和 ASML 等设备商构成了一个"你中有我，我中有你"的垄断格局。因此，对于国内的光刻机产业来说，既面临壁垒森严的技术专利封锁，又直接遭遇接近技术演进极限的产业阶段，还要面对处于完全垄断地位的 ASML 的压倒性优势，我们此时发起的技术挑战，注定是一场无比艰难的极限挑战。

对于关心半导体产业突围的大众而言，恐怕更加不能心急，期望我国的光刻机技术在短短几年内就能追赶甚至超过国外巨头，武汉光电国家研究中心研制的"9 纳米光刻机"（图 1-3-4）。我们更应该冷静地认清一个现实：光刻机作为芯片制造中最精密、最复杂、难度最大、价格最昂贵的设备，早已不再是一个国家或者少数几家企业可以完成的工程了。

想要研制出最先进的光刻机设备，必须与全球顶级的光源、光学、材料以及关键零部件等厂商进行合作。即使在美国试图封禁我国半导体产业发展的艰难环境下，我们也不能放弃与国外这些先进技术企业交流、合作的机会。

图 1-3-4　武汉光电国家研究中心研制的"9 纳米光刻机"

当然，除了依靠商业合作之外，更重要的是我国的半导体企业要努力实现在某些技术领域的技术突破，只有在掌握"人无我有"的前端技术的情况下，我们在这些高手面前才有足够的话语权，也才有可能加入高端光刻机制造的产业分工当中。

  4　兵戈未息的 DRAM 战场

在众多半导体芯片分支当中，计算机必不可少的存储器如同宇宙的暗物质一样隐秘，却占据着非常重要的位置。

说它隐秘，是因为在计算机硬件的发展史中，存储器所引发的市场舆论与处理器、显卡等相比，用"默默无闻"来形容也不过分。然而，沉默并不代表不重要。作为市场容量最大的芯片存储器，围绕 DRAM（Dynamic Random Access Memory，动态随机存取存储器）所发生的你死我活的搏杀，绝对算得上惊心动魄。

举个例子，开创 DRAM 产业的三巨头：英特尔、德州仪器和 IBM，最终都在 DRAM 市场惨淡收场。DRAM 不仅对电子技术的发展起到了推动作用，更在各国半导体战争中扮演着举足轻重的角色。

许多人都将 20 世纪 70 年代看作美国 DRAM 产业的转折点，从那时起，美日进入了旷日持久的半导体抢位赛。但在 20 世纪 60 年代，德州仪器已经用行动证明了一句话——资本家为了利益，可以出卖绞死自己的绳子。这根绞死美国 DRAM 市场主导权的绳子，就是 DRAM 专利。

1974 年，英特尔占据了全球 82.9% 的 DRAM 市场份额。20 世纪 70 年代后期，由德州仪器出走的工程师成立的莫斯泰克，以 64K 容量的 MK4164 一度占据了全球 DRAM 市场 85% 的份额。但在 1966 年，德州仪器为了打开贸易保护的日本市场，以自己拥有的集成电路制程核心专利进行引诱。日本通产省在拿到技术与保护本国市场之间绞尽脑汁，最终在 2 年后由日本索尼与德州仪器签订了协议，同意美方在日本设立合资公司，双方各占股 50%，条件是 3 年内德州仪器必须向日本公开相关技术专利。

原本就在集成电路领域有所部署的日本半导体企业，拿到了梦寐以求的核心技术。身为日本内存行业龙头的 NEC 公司，很快成为日本第一家研制出 DRAM 内存的企业。1970 年，英特尔研制出 C1103 1K DRAM 内存后，日本 NEC 在第 2 年就推出了 1K DRAM 内存。

此时的美国在技术上依然拥有超强的领先优势。同期，美国 DRAM 已经用上了超大规模集成电路（VLSI），而日本还在使用由上一代技术制造的大规模集成电路（LSI）。日本政府大手一挥，于 1976 年 3 月启动了"DRAM 制法革新"国家项目。政府出资 300 多亿日元（1.23 亿美元），日立、NEC、富士通、三菱、东芝五大企业联合筹资 400 亿日元（约 1.64 亿美元），共计 2.88 亿美元投入国家性科研机构——"VLSI 技术研究所"中。项目成立后，800 多名技术精英加入，共同研制日本的高性能 DRAM 制程设备。短期目标是突破 64K DRAM 和 256K DRAM 的实用化，长期则计划在 10 ~ 20 年内，实现 1M DRAM 的实用化。花足了钱的日本很快追上了美国的技术脚步，1978 年，美国 IBM、莫斯泰克、德州仪器发布了 64K DRAM 大规模集成电路产品。同一时刻，日本的 64K DRAM 产品也问世了。日本借此顺利打入国际市场，集成电路的出口迅速增加。也是由此时起，日本在 DRAM 市场的霸主地位逐步稳固。1985 年 10 月，英特尔宣布退出 DRAM 市场，关闭了生产 DRAM 的 7 家工厂，离开舞台。到了 1988 年，全球 20 大半导体厂商中，日本占据了 11 家，日电 NEC、东芝、日立包揽了前三名，将摩托罗拉、德州仪器甩在了身后。次年，IBM 也将合资工厂出售给东芝，退出了 DRAM 市场。

至此，星条旗降下 DRAM 的桅杆，武士刀正式称王，日本成为世界第一大半导体生产国。

向前奔涌的 DRAM 领域的"后浪"日本，并没能走出多远。短短 2 年后，日本在全球半导体产业的市场份额就滑落到了 50% 以下。这种令业界咋舌的速度，来自产业内外的双重夹击。在内部，率先交付 4M DRAM 产品的日本企业并没有像预期的那样转暖，市场价格滑落，日系厂商们不得不减产来稳定物价。而日本扶持的韩国厂商则抓住机会，三星、现代、LG 和大宇全部安排资金进入了 DRAM 领域。他们的核心策略就是：价格战。

1983 年，三星集团出资 1000 亿韩元进军半导体产业，并聚焦在 DRAM 领域。在日本廉价 DRAM 产品的挤压中喘息的美光科技将 64K DRAM 的技术授权给了韩国三星，三星又从夏普买来了量产制程设备，就此上位。

产品做了还要有出路。1986 年，受《日美半导体协议》约束，日本企业被迫缩减对美国的出口，三星则在美国市场大获成功。次年实现盈利后，又积极投入 1M DRAM 的研发，继续追赶日本企业。日本企业为了应对，以低于韩国产品成本一半的价格大量抛售，打算以此劝退韩国企业。结果韩国财团不仅抗住了巨额亏损，还继续追加投资，反而具备了赶超日本的技术体系。1992 年，韩国三星率先推出了全球第一个 64M DRAM 产品，超越日本 NEC 成为世界第一大 DRAM 内存制造商，从此就没下来过。

1995 年，微软即将发布 Windows 95 操作系统，日本 DRAM 厂商试图借此契机反攻，夺回王座。结果韩国厂商一起扩张产能，导致 DRAM 价格狂跌，1997 年的亚洲金融危机又加重了市场衰退，全球 DRAM 晶圆厂都面临亏损风险，日本厂商自然不敢轻易追加投资。然而韩国厂商开始高歌猛进，1996 年，韩国三星电子的 DRAM 芯片出口额达到 62 亿美元，稳居世界第一。

从此，日本 DRAM 产业可以说是一蹶不振。富士通、东芝等企业相继退出了 DRAM 市场，NEC、日立、三菱则将 DRAM 部门合并成立尔必达，希望以此对抗三星。而 2012 年尔必达的破产，正式敲响了日本 DRAM 企业的丧钟。

美国的扶持为韩国厂商带来了崛起的机遇，也埋下了致命的隐患。

一是核心供应链受制于人。1994 年，韩国政府推出了半导体设备国产化项目，总预算 2.5 亿美元，鼓励韩国企业投资设厂，搭建自主的设备和原料供应链。完整的产业链当然不能一蹴而就，仅 1995 年，韩国就从美国和日本进口了价值 25 亿美元的半导体生产设备。

二是商业模式难以为继。长期价格战的结果就是，韩国 DRAM 厂商背负着巨额债务前行。在 1997 亚洲金融危机中成功逼退日本厂商的同时，韩国企业的平均负债也达到了 518%。但很快，建立在资本沙石上的韩国 DRAM 产业开始摇摇欲坠，现代、大宇等财团濒临破产，三星也不得不裁员 30%、抛售资产。在这种境况下，三星还是拒绝了欧美收购三星电子的提议，变卖更多资产留住了半导体的火种。

1984 年，将 16K/64K SRAM 技术转让给韩国现代电子的陈正宇博士回到中国台湾，1985 年，时任德州仪器副总裁的张忠谋回到中国台湾地区，设立 IC 代工厂。此时，中国台湾已经开始布局半导体产业板块的下一次位移。1987 年，台湾茂矽电子股份有限公司（Mosel）成立。同年，台积电 TSMC 与华邦电子股份有限公司成立，与茂矽共享技术成果。

彼时，一大批硅谷华人也选择回中国台湾创业，这些研究人员支撑起了中国台湾半导体的技术穹顶；1990 年，中国台湾砸 2 亿美元启动了"次微米制程技术发展五年计划"，以拿下 4M SRAM 和 16M DRAM 的生产能力。

产业界的参与热情也十分高涨。1993 年，中国台湾计算机主板生产厂力捷计算机的董事长黄崇仁向日本东芝要货（DRAM）被拒，决定投资一千三百多万美元成立力晶半导体。1995 年，台湾龙头企业台塑集团也设立了 8 英寸 DRAM 厂。但目前来看，中国台湾 DRAM 厂商的技术主要来自美国、日本的授权，尽管生产成本低，但技术费用却很高，占到了销售额的 3% 以上。再加上巨额进口设备投资，使中国台湾企业根本无法与掌握自主技术研发能力的韩国企业竞争。

在技术方面缺乏自主研发能力，成为勒住中国台湾 DRAM 产业脖颈的绳索。

当然，美日韩等一系列全球 DRAM 半导体结构性变化中，中国大陆存储厂商的动作也同样精彩。

落地到产业竞逐机遇上，移动端与大数据、AI、云计算等新兴产业的兴起，正在给 DRAM 领域带来新的技术更迭。比如能耗上如何满足数据中心的绿色需求、降低移动设备的耗电量、使容量增长速度满足商用需求等，产业洗牌给中国半导体产业带来了逆袭的机会。在中国大陆、中国台湾的积极进取之下，韩国 DRAM 厂商必将在一段时间内，都处于倍感危机的紧张时期。

我们不难从 DRAM 产品上看到半导体行业的破局之难：光有技术不行，没有技术更不行。存储器产品设计相对简单，日本厂商作为新进者能够很快与技术领先的美国军团相匹敌，是国际贸易政策、国内产业环境、企业文化氛围等共同造就的。

光投资不行，没有投资更不行。DRAM 每一次制程的更新换代都需要大量的投入，所以日本、韩国的产业集群上位都离不开"举国体制"的资本输血。比如日本政府为半导体企业提供了高达 16 亿美元的巨额资金，韩国研发 4M DRAM 时政府承担了 57% 的研发费用，用 3 年时间追平了与日本的技术差距。即便舍得投资，在缺乏专利、技术自主等的背景下，追赶依然是一件难事。

价格战不行，没有价格优势也不行。成本可以随着产量规模的扩大来弥补，但制程的微缩、技术的迭代，会让价格抢夺出的市场空间逐渐缩小，长期的多方位扶持是必不可少的。三星在 20 世纪 90 年代连续 9 年巨亏，韩国政府和国内财团的资金支持（提供政策性贷款）就起到了关键的输血作用。

总的来说，技术密集 + 资本密集的产业特性，企业发力 + 政府支撑的进击需求，交织出了 DRAM 集成电路产业群的残酷搏杀。具备这些前提条件之后，如果能像日本这样有长期在美国顶尖实验室工作的电子人才，能像韩国遇到美日半导体争端那样的历史窗口，能具备像全球大型计算机兴起这样的产业推动，才有可能获得一次登上王座的机会。

人类的祖先为了留下信息，在石头上砸出刻痕，从此，存储方式就成为信息技术的支柱。而 DRAM 产业历经半个世纪的区位变化，除了技术本身的竞逐，也是经济与政治的博弈。这是一场真正的现代战争。

⑤ ARM 发现的移动时代

如果说 20 世纪 50 年代是属于半导体技术初生而电子管计算机如日中天的时代，60 年代属于半导体产业初兴和商业大型机兴盛的时代，那么 70 年代就迎来了 IT 产业消费级市场的黎明。这一时期所诞生的几家公司，在今天依然是 IT 世界版图的牛耳。

1975 年，保罗·艾伦和比尔·盖茨开始创业，并在第二年创办了 Micro-Soft，1978 年正式改名为 Microsoft，也就是今天的微软。1976 年 4 月 1 日，史蒂夫·乔布斯和儿时伙伴斯蒂夫·盖瑞·沃兹尼亚克，以及另一位朋友罗纳德·杰拉尔德·韦恩在加利福尼亚州的乔布斯父母家中的车库内，共同创立了苹果公司。而在 1978 年，刚刚从英国剑桥大学毕业的赫尔曼·豪泽与克里斯·克里等人，一起创立了 Acorn 计算机公司。

微软和苹果在今天的地位不必多言，而这个出身英国的 Acorn 计算机公司，很多人并不熟悉。Acorn 计算机公司虽然没能活到今天，但它却一手创造出了 ARM 公司（Advanced RISC Machine），这是一家支持全球数以千亿计的移动终端芯片架构的半导体知识产权（IP）公司。

2020 年，苹果公司正式推出基于 ARM 指令集的自研计算机芯片，彻底打通了移动端和 PC 端的底层计算架构。苹果的这一选择像是一场完美的轮回，要知道

ARM 公司正是由 Acorn、苹果及 VLSI 联手创办的。

想要探寻 Acorn 和 ARM 所发现的移动时代，就要先回到 20 世纪 70 年代。当时计算机还只是一种被大型企业和政府机构所使用的昂贵设备，而发明和制作一台简陋的个人计算机几乎成为当时电子爱好者眼中最时髦的事情了。

当时还在读高中的乔布斯和好友沃兹通过制作和销售一种自制的"个人计算机"小赚一笔后，似乎就认定了个人计算机这条赛道。终于在 1976 年，乔布斯和两位合伙人创办了如今大名鼎鼎的苹果公司，并成功卖出了第一批苹果 1 型计算机。

当初乔布斯之所以要用"苹果"作为公司的名称，一来是传说他在印度苦修的两年里主要靠吃苹果度日，苹果成了他活下去的能量来源；二来是苹果公司的英文名"Apple"首字母是"A"，会被印刷在电话黄页靠前的位置，更容易被客户看到。

这一充满"机灵劲儿"的想法，启发了 Acorn 的两位创始人豪泽和克里。Acorn 计算机公司翻译过来就是橡果计算机公司。取名 Acorn，一来是希望个人计算机业务如同橡果那样生长为枝繁叶茂的橡树，二来是 Acorn 在电话黄页上的排名还会在苹果（Apple）之前。

谁会想到两家以"果实"命名的公司，后来能够分别成长为智能移动终端以及移动终端处理器领域的巨擘。

对于 Acorn 计算机公司而言，除了两位野心勃勃的创始人，紧接着登场的两个人物同样至关重要。一位是 Acorn 的第一个技术员苏菲·威尔逊。她加入 Acorn 时，刚从剑桥大学数学系毕业。此后，苏菲·威尔逊成为 Acorn 最早的开发者，也是 ARM 架构指令集的首位开发者。另一位则是传奇工程师史蒂夫·福巴尔，他先是与威尔逊一起用一周时间拿出让 BBC 满意的微机的原型设计，之后他俩又一起负责了 ARM 处理器的开发，福巴尔专门负责芯片的设计。

在这两位天才工程师的努力下，Acorn 顺利推出的第一代廉价个人计算机——Acorn Atom，初步打开了家庭市场。1981 年，Acorn 成功拿下 BBC Micro 计算机项目的一笔 130 万英镑的订单，才使其真正在微型机市场站稳脚跟。

这一超大订单之所以能落在 Acorn 这家成立两年的小公司头上，离不开克里斯·克里的积极争取和赫尔曼·豪泽在内部的积极斡旋。最终在 BBC 团队前来二次考察前夕，威尔逊和福巴尔两人爆发出相当惊人的创造力，用当时还在研发中的 Acorn Proton 版本为雏形，花了 5 天 5 夜时间做出了 BBC Micro 实体原型机。此后，BBC Micro 计算机大获成功，一共卖出去 150 万台，还在 1984 年获得了英国的女王技术奖。

1983 年，在 IBM 推出面向商业市场的第二代微型机之后，Acorn 也有意要进入微型机商业市场。但是由于原先用在 BBC Micro 上的莫斯泰克公司的 6502 处理器无法满足新的硬件需求，而市面上又没有合适的处理器，因此，Acorn 决定研发自家的微机处理器。

据说，当时威尔逊和福巴尔找了当时所有可能有用的芯片，觉得英特尔的 286 芯片还不错。当他们向英特尔提出合作，想要拿到 286 芯片的授权时，被英特尔断然拒绝。这一声拒绝的代价就是英特尔为自己培养出了一个魔鬼一般的对手。

机遇的天平正好向 Acorn 倾斜。在此之前，加州大学伯克利分校在大卫·帕特森教授的主持下，发布了"伯克利精简指令集计划（Berkeley RISC Plan）"。威尔逊和福巴尔正是受这一精简指令集的启发，开始为新一代的 BBC 微计算机开发 32 位微处理器芯片。

1983 年 10 月，ARM 计划正式启动。沿着 RISC 架构的精简思路，威尔逊很快就用 BBC Micro 编写出首个 ARM 原型。经过历时 18 个月的研发和测试，终于在 1985 年 4 月，Acorn 的芯片代工厂 VLSI 公司生产出了第一块使用 RISC 指令集的 ARM-1 芯片（图 1-5-1）。这时 ARM 的全称还是 Acorn RISC Machine。

1985 年 4 月 26 日下午 1 点，第一批 ARM 芯片从 VLSI 回来，被直接投入开发系统中，并经过一两次调整后启动。在下午 3 点，屏幕中显示出"Hello World，I am ARM"的字样，代表全球第一款商业 RISC 处理器——ARM-1 在 Acorn 计算机上成功运行。

图 1-5-1　BBC Micro 上的 ARM-1 芯片

在 ARM 芯片研制成功之后，Acorn 推出了一款搭载 ARM 芯片的 Acorn Archimedes 台式计算机。不过，此时的 Acorn 计算机公司因为经营失误而大幅亏损，Acorn 不得不在 1985 年将自己的近一半股权以 1200 万英镑的低价转让给意大利的 Olivetti 计算机公司，用以偿还债务。此后，Acorn 计算机公司再无新故事。

而到 1990 年，今天的 ARM 公司由 Acorn、苹果和 VLSI 联合成立。接下来移动时代的荣光将属于这家全称为 Advanced RISC Machines Ltd 的 ARM 公司。

在继续 ARM 的故事前，我们有必要普及下"指令集"这个略微生僻的技术知识。

1961 年，在小沃森的支持下，由副总裁文森特·利尔森牵头，IBM 准备投入 50 亿美元进行 IBM 360 计算机的开发。1964 年，IBM 360 系列计算机研制成功，一举成为划时代的产品。而在研制过程中，IBM 攻克了计算机指令集、集成电路、可兼容操作系统、数据库等一系列软硬件难关，也为此申请了 300 多项专利技术。其中，System-360 系统所集成的全新通用指令集架构，成为计算机发展史上第一种商用指令集架构（图 1-5-2）。

图 1-5-2　IBM System-360 大型机

简单来说，所谓"指令集"就是硬件和软件之间进行沟通的一套"标准语言"。计算机中央处理器（CPU）就是那个核心硬件，计算机操作系统就是那套基础软件。计算机中的应用软件想要正常运行，就必须基于操作系统所搭载的指令集架构进行开发。从处理器到操作系统再到应用软件的嵌套，形成了以指令集架构兼容为基础的一种"标准语言"生态。

指令集系统在发展过程中分化出两个截然不同的优化方向：复杂指令系统计算（Complex Instruction Set Computing，CISC）和精简指令系统计算（Reduced Instruction Set Computing，RISC）。

一旦处理器开发的指令集和操作系统进行组合绑定，将形成其他组织机构难以逾越的"生态墙"。众所周知，PC 时代牢不可破的"生态墙"就是基于 CISC 复杂指令集的英特尔 x86 处理器和微软 Windows 操作系统所组成的 Wintel 联盟。而移动时代的"生态墙"则是由基于 RISC 精简指令集的 ARM 架构搭建的移动处理器和 Android、iOS 操作系统所组成的 ARM 联盟。

图 1-5-3　著名的英特尔 8086 处理器

20 世纪 80 年代，学术界认为 CISC 已经过时。但是由于英特尔在开发 8086 处理器时还没有 RISC 指令集（图 1-5-3），因此当时沿用了 CISC 的设计。而 8086 处理器的成功导致英特尔此后的处理器系列都采用了 CISC 指令集，CISC 架构的处理器在英特尔这里形成了一种正向循环。

英特尔处理器的可观收入保证了足够的研发投入，使 CISC 处理器在性能上持续超越 RISC 处理器，最终基于 CISC 指令集的 x86 系列在 PC 计算机处理器领域获得了垄断地位。

当时 PC 处理器市场上还有摩托罗拉、IBM、SUN、SGI、DEC 和 HP 都在生产自己的 RISC 处理器，但由于彼此大打价格战，性能方面也无力与英特尔的 CISC 处理器竞争，最终纷纷倒戈，投向英特尔阵营。

幸而，RISC 指令集的"火种"在 ARM 公司保存了下来。

1990 年，新成立的 ARM 公司只有 12 名工程师，其中还不包括威尔逊和福巴尔，办公地点也只是一个位于剑桥的简陋谷仓。当时，Acorn 公司和苹果公司各占 43% 的股份，VLSI 占了剩余的 14% 股份，并成为 ARM 半导体的第一家代工厂，此后又成为第一个获得 ARM 授权的芯片厂商。

1993 年，ARM 和苹果合作开发了一款过于超前的搭载 ARM 处理器的 Newton Message Pad（图 1-5-4），结果在市场上表现平平，ARM 公司开始意识到 ARM 要想成功，不能押注在个别电子产品上，这样很可能会重蹈母公司 Acorn 的覆辙。

图 1-5-4 搭载 ARM-6 处理器的苹果 Newton 掌上计算机

当时，ARM 公司从摩托罗拉挖来了鲁宾·沙克斯比担任 CEO，此人创造性地提出了 IP 授权的商业模式。此后，芯片生产厂商只需从 ARM 公司获得 ARM 处理器的授权，并支付前期许可费和后期生产芯片的专利使用费，就可以获得 RISC 指令集处理器的 IP 版权。芯片厂商可以获得绝大多数的收益，而 ARM 公司也不用承担因产品开发失败或销售不利而带来的经营风险。这是一个互惠、双赢的商业创新，也为以后芯片产业的设计和制造的分工模式奠定了基础。

1993 年，ARM 与德州仪器、三星、夏普等半导体巨头陆续展开合作，从而为 ARM 公司赢得了声誉，也证实了 IP 授权的商业模式的可行性。

此时，ARM 的发展也赶上了移动设备革命的"天时地利"。当时诺基亚 6110 成为第一部采用 ARM 处理器的 GSM 手机。为符合诺基亚提出的减少内存的要求，ARM 专门开发了 16 位的定制指令集 ARM-7，大幅缩减了内存。

诺基亚 6110 手机取得了极大的成功，因此高通、飞思卡尔、DEC 相继加入 ARM-7 的授权阵营。至今 ARM-7 一共授权超过 170 家公司，生产出超过 100 亿颗芯片，成为 ARM 公司在移动处理器领域的旗舰系列。

1998 年，ARM 公司同时在美国和英国上市。短短几个月内，ARM 就成为估值超过 10 亿美元的上市公司，放到今天就是妥妥的独角兽，但这仅仅是 ARM 腾飞的开始。

尽管在 2001 年，互联网行业市场的股市崩盘，整个行业股价大幅下跌，ARM 的收入也锐减，但是 ARM 并未元气大伤。这一年，ARM 开始实施未来 5 年的路线图计划，ARM 成为 RISC 处理器架构标准的目标正在实现。

上市之后的 ARM 有了充足的资金开启更高端的处理器的设计。2001 年，ARM-926EJ-S 推出，这一 IP 被授权给超过 100 家公司，出货量达 50 亿颗。2005 年，ARM 公司意识到除了像 ARM-9 这样的高端处理器市场，还有低成本、低功耗的微控制器市场。因此，ARM 又划分出三条 Cortex 产品线，分别是面向高性能场景的 Cortex-A、面向实时控制场景的 Cortex-R，以及面向微控制器场景的 Cortex-M。

2007 年以后，随着 iPhone 智能手机的热销以及 Android 系统的推出，全球正式进入了智能移动手机的时代。ARM 也即将随着苹果和 Android 阵营的移动芯片厂商的支持，登上移动终端处理器的"王座"。现在，ARM 处理器占据移动终端设备市场 90% 的份额，基于 ARM 架构的处理器的年出货量从 2013 年的 100 亿台上涨到现在每年的 200 亿台。

至此，ARM 终于开拓了一条与英特尔完全不同的商业模式和市场定位的全新赛道。二者似乎本应在各自擅长的领域里"井水不犯河水"地发展，但随着 PC 计算机市场的饱和与移动互联时代的到来，英特尔开始把注意力投向移动领域，而 ARM 也将自己的处理器伸向英特尔占据的个人计算机和数据中心服务器市场。

英特尔早在 1997 年就从 DEC 手中买下了 StrongARM 的授权，并把 StrongARM 升级为 XScale。然而英特尔并没有为 XScale 采用高度集成的设计模式，导致其性能强悍但是功耗过高。2005 年，英特尔又拒绝了来自苹果的处理器设计订单，次年因为业务收缩，将 XScale 出售，等于将通过 ARM 架构占领移动处理器的机会拱手相让，从而错过了即将到来的移动时代。等到英特尔再次意识到 ARM 的威胁时，想以 x86 设计的嵌入式芯片 Atom 系列来迎战 ARM 生态，但最后的结果却是一败涂地。2016 年，由于巨额亏损，英特尔停掉了 Atom 生产线，而 ARM 芯片的历史出货量达到了惊人的 1000 亿台。

但是，ARM 生态在向 x86 生态进攻的过程中也是折戟沉沙。2011 年，微软宣布下一代 Windows 操作系统将支持 ARM 处理器，但这一尝试并未成功。直到 2020 年底，苹果正式在 Mac 系列笔记本上采用基于 ARM 架构的处理器芯片，才让这场架构争夺战再起波澜。

随着万物互联的智能时代的到来，越来越多的物联网设备都将搭载不止一个的嵌入式芯片。这正是 ARM 擅长的领域，不过也是英特尔想要在未来重点突围的新战场。

因此，ARM 生态将在英特尔所坚守的领域以及正在到来的智能物联的领域，展开一场全面战争。

⑥ 摩尔定律的一次次惊险"续命"

1965 年，《电子》杂志在创刊 35 周年之际，邀请时任仙童半导体公司研究开发实验室主任的摩尔为其撰写一篇观察评论，预测微芯片工业的前景（图 1-6-1）。此时，全球半导体产业才刚刚萌芽，英特尔公司都尚未成立，市面上生产和销售的芯片更是屈指可数。

图 1-6-1　摩尔

摩尔根据有限的数据大胆提出了一条被后人奉为圭臬的路线图——处理器（CPU）的功能和复杂性每 12 个月增加一倍，而成本却成比例地递减，这就是有名的"摩尔定律"。1975 年，摩尔将 12 个月改为 18 个月，沿用至今。这篇名为《让集成电路填满更多的元件》的报告，就此指导了半导体乃至整个信息产业半个世纪的发展步伐。就连摩尔本人都没有想到，这个定律的效力竟如此持久。

2005 年，摩尔直言"Something like this can't continue forever"（这样的事情不可能永远持续下去），认为摩尔定律可能在 2010 年至 2020 年失灵，建立在硅基集成电路上的电子信息技术也将被另外一种技术所代替。关于摩尔定律的唱衰言论层出不穷。台积电张忠谋、英伟达（NVIDIA）黄仁勋等挑战者认定摩尔定律不过是苟延残喘。

但时至今日，将集成电路芯片向 5nm、3nm、2nm 等更高制程发展，依然是英特尔、三星、台积电等半导体厂商孜孜以求的目标。是哪些黑科技在帮助摩尔定律一次次"起死回生"？围绕在它身上的传奇和产业竞速到底能续写到什么时候？有必要先跟大家聊聊摩尔定律持续"碰壁"的原因。

摩尔定律的定义其实被更新过几次，因此也形成了不同的版本和表达。比如，集成电路上可容纳的晶体管数目，约每隔 18 个月便增加一倍；微处理器的性能每隔 18 个月提高一倍，或价格下降一半；相同价格所买的计算机，性能每隔 18 个月增加一倍。沿着这个思路发展，计算机、电话等在强劲的处理器芯片加持之下，才有了低价格、高性能的可能，进而得以应用于社会中的每个领域，成就今天无处不在的信息生活，甚至彻底改变了人类的生活方式。

而在过去的几十年里，提升晶体管的密度与性能，成为微处理器按"摩尔定律"进化最直接的方法。要在微处理器上集成更多的晶体管，需要让芯片制造工艺不断向天花板逼近，制程节点不断向物理极限逼近。

1971 年英特尔发布的第一个处理器 4004，就采用 $10\,\mu m$ 工艺生产，仅包含 2300 多个晶体管。随后，晶体管的制程节点以 70% 的速度递减，90nm、65nm、45nm、32nm、22nm、16nm、10nm、7nm 等相继被成功研制出来，最近的战报是向 3nm、2nm 突破。

任何一个对指数有所了解的人，都会明白这种增长要无限地保持下去是不可能的。"增加一倍"的周期是 18 个月，意味着每十年晶体管的数量就要提高将近一百倍。摩尔自己在演讲时也开玩笑说，如果其他行业像半导体这样发展的话，汽车现在应该一升汽油就能跑几十万公里，市中心每小时的停车费可能比每一辆劳斯莱斯还要昂贵。

因此，摩尔本人更同意史蒂芬·霍金的说法。后者曾在被问及集成电路的技术极限时，提到了两个限制：一是光的极限速度，芯片的运行速度距离光速还很远；二是物质的原子本质，晶体管已经很接近原子的直径（0.01nm ~ 0.1nm）。体现在具体的产业难题上，就是随着硅片上集成电路密度的增加，其复杂性和差错率也会呈指数级上升。

硅材料芯片被广为诟病的便是高温和漏电。集成电路部件发散的热量，以及连线电阻增加所产生的热量，如果无法在工作时及时散发出去，就会导致芯片"罢工"。此外，晶体管之间的连线越来越细，耗电也就成了大问题。而且导线越细，传输信号的时间也就越长，还会直接影响它们处理信号的能力。如果电子能直接穿透晶体管中的二氧化硅绝缘层，就会触发"量子隧穿效应"，使其完全丧失功能。要在指甲盖大小的芯片上以亿为单位来雕刻晶体管，难度就像从月球上精准地定位到地球上一平方米的土地一样。这种原子甚至量子级别的集成电路的焊接与生产，对工艺精密度提出了更高的要求。

同时，摩尔定律还被附加了经济色彩。除了性能之外，成本/价格的同时下降也被看作基本要求。具体来说，就是用户们认为每隔两年，就能用更少的钱买到性能更高的计算机和手机产品。

但是，技术研发投入与光刻设备的更新换代，都需要半导体厂商耗费大量的资金。生产精密程度的不断提升，也需要在制造环节投入更大的人力物力，一代代芯片生产线的设计、规划、调试成本，也在以指数级增长。以前，生产 130nm 晶圆处理器时，生产线需要投资数十亿美元，到了 90nm 时则高达数百亿美元，超过了核电站的投入规模。按照业内人士的预测，3nm 芯片的研发成本将达到令人发指的 400 亿美元至 500 亿美元。为了摊薄成本，半导体厂商不得不生产更多的芯片，这又会导致单片芯片的利润回报下降。

半导体企业不可能长期"既让性能翻一倍，又让价格降一倍"，如果 18 个月没有收回成本，就要面临巨大的资金压力。

更为残酷的是，受软件复杂性等影响，芯片性能的提升在用户感知度上也越来越弱。

20 世纪八九十年代，晶体管数量增加带来的性能加成是明显的。比如奔腾处理器的速度就远高于 486 处理器，奔腾 2 代又比奔腾 1 代优秀得多。

进入 21 世纪以后，芯片制程越来越小，但用户对性能提升的感知度却不如以往高，更新换代的买单欲望也能轻易被控制——等待更具性价比的计算硬件，锁死了摩尔定律的增长周期。曾几何时，谷歌 CEO 埃里克·施密特被问及会不会购买 64 位"安腾"处理器时，对方就表示"谷歌已经决定放弃摩尔定律"，不准备购买这种在当时看来的超级处理器。当然，这一决定被历史证明只是一时冲动。但也说明，即使厂商完成了前期的烧钱游戏，也未必能在中短线消费市场上完美收官。

总体而言，过去 60 多年里，半导体行业的快速发展，正是在摩尔定律的推动下实现的，一代代运算速度更快的处理器问世，让人类彻底走进了信息时代。

与此同时，在芯片焊接和生产已经达到原子级别、接近量子级别的程度之后，摩尔定律也从指导行业进化的"金科玉律"，逐渐变成了捆绑在半导体产业头上的"紧箍咒"。想要继续发挥作用，必须付出巨大的成本，让行业举步维艰、苦不堪言的同时，不断被唱衰也就成了摩尔定律的宿命。

在历史进程中，摩尔定律一共经历了三次"大逃生"。

第一次：从 MSI 中规模集成电路到 VLSI 超大规模集成电路的日本崛起。

1975 年，在摩尔定律发布的 10 年后，摩尔本人对定律进行了修改，将原本的"12 个月翻一倍"改为了"18 个月翻一番"。当时，摩尔已经离开仙童，与别人一起创立了英特尔，并推出一款电荷耦合器件（CCD）存储芯片，里面只有 3.2 万个元件，这比摩尔定律预测的千倍增长整整少了一半。解决问题的第一个办法是直接修改定律，将产业周期从 12 个月延长到 18 个月。摩尔在一次访谈中曾提及这次修改，认为自己的论文只是试图找到以最低成本生产微型芯片的方式——
"我觉得不会有人按照它（摩尔定律）来制订商业计划，可能是因为我还沉浸在
第一次预测正确的恐慌当中。我不觉得还会有人关注这个预测。"

原因在于，摩尔定律是在 1965 年提出的，当时还是小规模集成电路（SSI）
的时代，芯片内的元件不超过 100 个。此后，MSI（中规模集成电路）顺利地过
渡了 10 年，生产技术的进步远远领先于芯片设计，晶体管数量几乎每年都会翻倍，
完美符合摩尔定律。但接下来，要在单芯片上集成十万个晶体管，VLSI（超大规
模集成电路）阶段正式来临。同时，DRAM 存储器、微处理器等产品的出现，在
将芯片复杂度发挥到极致的同时，也让成本的经济性开始引起重视。

尽管美国半导体产业界已经在实验室完成了对 VLSI 的技术突破，但是在新
时期里，能够拯救摩尔定律的不是技术上的突破，而是商业价值上的精进。

DRAM 动态随机存取存储器是当时最重要的半导体市场消费品，而其制造的
关键在于更细、更密集的电路。面临的挑战在于，随着芯片上元件的增多，晶圆
上的随机缺陷影响加大，导致成品率降低，自然提高了芯片的生产成本，也让厂
商的收益不够乐观。必须实现成本下降，才能延续摩尔定律。而日本产业对技术
和经济的平衡，在此时发挥了重要的作用。

1976 年，日本以举国之力启动了闻名遐迩的超大规模集成电路研究计划。在
进军半导体市场时，日本更注重改进制程，VLSI 研究所的目标就是在微精细加工、
工艺技术、元件技术等课题上尝试提升。VLSI 项目实行了 4 年，于 1980 年结束，
诞生了丰硕的研究成果，大约有 1000 项发明获得了专利。与此同时，注重制造技
术也为日本半导体公司带来了全球竞争优势，价格和质量却成为攻占市场的重要
筹码。

当时，业界每两三年便会推出新一代 DRAM 产品，存储能力以倍数上升，消
费者们也热衷于升级存储条。庞大的市场需求与日本工业界对集成电路的改良，
导致直接从美国手里抢走了不少市场份额。1982 年底，日本的第一代 VLSI 的
64K DRAM 已经占到国际市场的 66%，至此，日本在 DRAM 制造方面的全球领
导地位确定，也使其成为下一代微芯片技术的领导者。

日本在 VLSI 技术上的发力，让摩尔定律继续发扬光大。到了 20 世纪 80 年代，摩尔定律已经被看作"DRAM 准则"，随后，微处理器也出现在了曲线上。复杂度（晶体管的数量）和芯片性能（处理器的操作速度）成为摩尔定律的主要预测对象，摩尔定律也从此时起成为业内公认的标准，不少微处理器和存储器芯片企业根据这一趋势来制订生产计划、参与国际竞争。制程工艺与经济性的正式融合，让摩尔定律与半导体的发展节奏从 20 世纪 80 年代中期开始变得密不可分。

第二次：从 2D 到 3D，一杯名为技术的"美式咖啡"。

20 世纪 90 年代中期，在 IBM 研究所工作的刘易斯·特曼宣称，摩尔定律的终结就在眼前。原因是进一步缩小晶体管尺寸再一次迎来技术瓶颈。

当时，半导体行业开始用激光作为光源在硅晶圆平面上制造晶体管和集成电路，当波长从 365nm 降低到 248nm，晶体管尺寸也逐渐逼近 100nm。随着组件尺寸变小，当晶体管处于"关闭"状态时，电流很容易泄漏出来，这会造成芯片的额外损耗。2000 年，全世界研究者都在研究如何让更短波长的微影蚀刻成功，延长干式机台的寿命。台积电在此时杀出，与荷兰企业阿斯麦（ASML）共同完成开发出全球第一台浸润式微影机台，采用 193 波长曝光的"湿式"机台量产 45nm 制程，一时间引人瞩目，让摩尔定律得以延续。

很快，大家都觉得这已经到硅芯片的极限了，摩尔定律将再次面临失效，半导体产业的黄金年代也即将结束。2002 年 11 月，英特尔股票被美林证券降级，从"中立"降为"卖出"，股价再次应声而落。美国对于这种情况也十分担忧，美国国防部高级研究计划局（DARPA）还启动了一个名为"25nm 开关"（25-nm Switch）的计划，试图提升芯片容纳晶体管数目的上限。让英特尔及摩尔定律继续引领行业的是一位华人。加州大学伯克利分校电气工程与计算机科学系教授胡正明（图 1-6-2），由于美国在能源领域的学术拨款紧缩，转而参加企业项目，开始挑战半导体领域的难题。既然晶体管尺寸无法再缩小，那么提升密度能不能同时保证技术和成本效益呢？按照这一思路，胡正明提出了鳍式场效晶体管（FinFET，Fin Field-Effect Transistor）方案。

以前，整个芯片基本上是平坦的，而胡正明则一改此前元器件和电路都在芯片表面一层的 CMOS 晶体管工艺理念，改为用垂直方法铺设电流通道。在硅基底上方垂直布设细传导通道，传导通道像鲨鱼鳍一样排列，栅极可以三面环绕通道，而不是仅仅位于通道上方。

图 1-6-2　FinFET 发明者胡正明

这种方式不仅能很好地接通和断开电路两侧的电流，使栅极能够更好地控制电子流动，从而大大降低芯片漏电率高的问题，还利用垂直空间，大幅缩短了晶体管之间的闸长。

晶体管尺寸发展到 25nm 以下后，FinFET 方案发挥了巨大的作用。

不过，FinFET 的制造过程较为复杂，英特尔 2002 年起投入 3D 晶体管的研发，2011 才开始利用 FinFET 方案正式批量生产晶体管，22nm 的酷睿处理器三代使用的就是 FinFET 工艺。

随后，各大半导体厂商也开始使用 FinFET 工艺，台积电 16nm、10nm，三星 14nm、10nm 以及格罗方德的 14nm 等，都是在 FinFET 工艺的支撑下实现的。

3D 晶体管时代的开启，又一次将摩尔定律的有效期推后了数年。

第三次：全球联动 EUV（极紫外线刻蚀技术），只为撬出突破口。

舒坦日子还没过多久，新的催命符又来了。国际半导体技术发展路线图更新后大家发现，技术增长在 2013 年底又放缓了。进入三维结构之后，芯片工艺无法严格按照既定的路线升级制程工艺。各个半导体厂商的产品创新屡屡被用户吐槽"挤牙膏"，AMD 停留在 28nm 多年，英特尔在 14nm 节点区分出"14nm、14nm+、14nm++"三种制式更被引为笑谈。

一个来自哈勃太空望远镜，为美苏"星球大战计划"而开发的技术——EUV，开始在产业界登场。此前，英特尔用超微深紫外线技术制造出了为数不多的 30nm 晶体管样品。随后，研究人员又将下一步研究放在了大规模采用极紫外线刻蚀技术（EUV）来进行生产上。

2012 年，英特尔、三星和台积电为 ASML 的下一代光刻蚀技术募集了约 18 亿美元的研发经费，其中有 4000 名专注 EUV 极紫外线刻蚀技术项目的员工。尽管英特尔很早就在布局 EUV 极紫外线刻蚀技术，但最早推出极紫外线刻蚀技术所制造的 7nm 芯片样品的却是 IBM。

当时，《纽约时报》以《IBM 发布了比现有任何一种产品都强大的计算芯片》为题报道了此事，有些媒体更直言"IBM 打了英特尔的脸"。

不过，EUV 极紫外线刻蚀技术采用 13.5nm 长的极紫外光作为光源，对光照强度、能耗效率和精度等都有极高的要求。因此，尽管其研发始于 20 世纪 80 年代，但达到晶圆厂量产光刻所需要的技术指标和产能要求却花费了很长一段时间，以至于在此期间，摩尔定律不断被挑衅。

2017 年的 GTC 技术大会上，芯片厂商 NVIDIA（英伟达）甚至提出要靠 GPU 开启 AI 时代的计算新纪元。CEO 黄仁勋声称，摩尔定律已经终结，依靠图形处理器推动半导体行业发展才是正道。对此，摩尔接受《纽约时报》专访时表示，如果良好的工程技术得到应用，那么摩尔定律仍可以坚持 5 年到 10 年的时间。摩尔定律的延续，给了极紫外线刻蚀技术足够的时间迎头赶上，终于在近些年成功落地。

2016 年后，EUV 光刻机开始投入晶圆厂，用于研发和小批量试产。随后，三星、台积电、英特尔等都争先恐后地将极紫外线刻蚀技术投入芯片量产，中芯国际斥资 1.2 亿美元买入 EUV 光刻机的新闻也见诸报头。

用 ASML 研发副总裁的话来说，EUV 光刻是目前唯一能够处理 7nm 和更先进工艺的设备，并被广泛看作突破摩尔定律瓶颈的最关键武器。但成本依然是困扰摩尔定律的难题。目前建设一个 7nm 工厂需要投资 150 亿美元，5nm 工厂将需要 300 亿美元，而 3nm 理论上是 600 亿美元。

最后如何在终端市场上将成本顺利摊销，加上复杂国际政治局势的干扰，对三星、台积电等半导体厂商来说都是一件风险极大的事。

不难看出，在以极紫外线刻蚀技术为核心的战场上，芯片厂商与代工厂的竞争已经告一段落，更上游的半导体材料厂商、光刻机设备厂商，甚至学术界、产业界的工艺创新都开始加入其中，成为拯救摩尔定律不可或缺的重要力量。

当然，在摩尔定律的续命史上，除了上述三个重要的技术节点之外，还有一些其他的技术也功不可没。比如新的封装技术。像是小芯片系统封装技术，就可以促进芯片集成、降低研发成本、提高成品率，被认为是延续摩尔定律有效性的另一种武器。

再如寻找硅材料的替代品。利用新型材料做出分子大小的电路，也能使芯片性能变得更强大。在半导体发展历程中，元素周期表上的元素可能都被广泛尝试过。

任正非就曾公开表示，石墨烯有潜力颠覆硅时代。英特尔也宣布，在达到 7nm 工艺之后，将不再使用硅材料。光刻胶等半导体材料的创新，也在推动摩尔定律的持续演进。也有人提出了"超越摩尔定律"路线，通过改变基础的晶体管结构、各类型电路兼容工艺、先进封装等多种技术，共同发力来推动半导体行业的发展，而不再局限于缩小晶体管特征尺寸所带来的推动力。

总而言之，摩尔定律何时失效或未可知，但半导体行业的进步永不终结，而围绕产业规律展开的商业竞争与硝烟也会延绵不绝。

回望摩尔定律的一次次惊险续命，不难发现，尽管其很多假设都会随着时代的变化而变得不再适用，但半导体产业的特殊性却决定了它顽强的生命力。一方面，摩尔定律督促着技术工程师们不断挑战极限，聚焦于难题，以尽可能地挖掘硅部件的潜力。作为"硅谷的节拍器"，摩尔定律在让行业走上巅峰的时候，也成了产业的基本法。而每当行业发生本质变化的时候，摩尔定律也会随之得到修正和改变，使其始终保持着一定的准确度。

此外，即使全行业都在摩尔定律之下展开激烈竞争，但这并不意味着标新立异没有意义，用不同的生产、工艺、材料等方式寻求更快的发展，自控式企业也更容易抓住机遇，打破固有的市场格局脱颖而出。在摩尔定律的感召下，科学家、工程师、投资方，甚至曾经的竞争者，都有可能形成共同体，在同一理想的支撑下大胆投入高风险的研发活动。

从日本半导体厂商的逆袭、英特尔的多年辉煌、英伟达的张扬发言等事例中不难发现，正是摩尔定律的文化隐喻，让产业的发展速率变得不可预测，也格外精彩。

(7)　可以绕过经典计算吗？

前文已经回顾了半导体历史上的技术突围与跨越，现在让我们调转一下目光，望向同样波谲云诡的未来。

从半导体的发现，到晶体管材料的博弈、大规模集成电路走向产业化，可以发现从人类告别机电计算机，使用电子计算机开始，70 多年来芯片技术的每一次进步都充斥着偶然性，甚至是市场零和博弈的结果。

那么问题随之而来：既然今天的半导体规则充满了偶然性，那么我们所熟知的通过电流实现计算、通过晶体管操控电信号、通过二进制实现比特计算的模式，可能根本就不是人类实现计算的最佳方案，至少不是计算的终极选择。在整个半导体技术发展史上，能不能"绕路"实现性能更好的计算，始终都是摆在桌面上的话题之一。在中美科技博弈的背景下，这个话题异常重要。

希望"绕过经典计算"，包含着两方面的动机。一方面，摩尔定律极限的不断逼近，让产业界隐约看到了计算的天花板。随着 5nm 芯片实现商业化，3nm 甚至 2nm 提上日程，摩尔定律的物理瓶颈显然已经不远。让习惯了高速运转的半导体工业慢下来甚至停下来，其后果非常可怕。

另一方面，经典计算伴随着 70 年的技术固化与全球产业链分配，已经成了一种国家与地区之间的钳制手段。甚至半导体被认为和金融、军事一起，组成了美国与西方国家制约全球的三大利器。在中美贸易摩擦中，半导体底层技术很快成了竞争焦点，也就是所谓的"卡脖子"。那么如果我们找到了一种方案，可以绕过经典计算，让全球回归同一起跑线，那么半导体这道枷锁岂不是瞬间归零？这种可能性让"新计算"成为全球新一轮科技竞争中至关重要的战略因素。

让我们来看一看绕过经典计算都有哪些路，而路的尽头又会不会只是几堵墙。

1. 光计算

经典计算的核心，是用半导体元件完成的电子计算。而有一种自然介质，具有比电更好的信息通过效率，那就是光。早在 20 世纪 60 年代，用光的折射来表示信息，从而代替晶体管和电子计算就成了一种学术构想。1969 年，麻省理工学院开始了光子计算机研究课题。而直到 1990 年，著名的贝尔实验室制造出了结合棱镜、透镜和激光器等元器件的全球首台光子计算机，才宣告光子计算走入了产业化阶段。

主流的光计算实现方案，是利用光的衍射和傅立叶变换原理来实现计算。在产业中倾向于依靠反射镜、透镜等元器件，改变激光的射入射出，从而实现不同的信息表达，完成用光子代替电子来实现计算。如果这个改变得以完成，计算产业需要的将不是高度精密的集成电路，而是由各种光导纤维、光学元件组成的集成光路。而光子相比于电子来说，有两个计算领域的显著优势，一个是基于光传递可以更高速地处理并行计算，另一个是光计算将节省大量电能。

然而与经典计算相比，光计算也有着堪称"致命"的若干问题。比如光的背景噪声非常复杂，很难实现纯度较高的光波过滤，这也让光计算难以执行复杂的计算任务。另外，把光学器件打造成集成光路，还面临着一系列的工程障碍。光学器件的微型化、工程耐受度、抗损失性，都缺乏有效的实践方案。换言之，光计算虽然经历了数十年的发展，但依旧处在"未来科技"的分组里，和脑机接口、基因存储等技术的地位类似。虽然国内外已经有了一些光计算相关的企业，但这

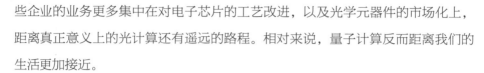

些企业的业务更多集中在对电子芯片的工艺改进，以及光学元器件的市场化上，距离真正意义上的光计算还有遥远的路程。相对来说，量子计算反而距离我们的生活更加接近。

2. 量子计算

如今，"遇事不决，量子力学"已经成了一句调侃。其起源似乎是很多文学影视作品里，一旦抛出一个很厉害又不好解释的技术，就冠以"量子×××"，乃至出现了"量子速读""量子鉴宝"等奇怪的东西。

但是尝试将物质拆解到最小状态的量子，与计算产业结合，却并不是什么"玄秘"之事。量子计算经历了40年的发展，已经成长为各科技大国、主流科技公司都在布局与大规模投入的技术类别。1982年，诺贝尔物理学奖得主、量子力学之父理查德·费曼（图1-7-1），就在与物理学家保罗·贝尼奥夫的一系列学术探讨中，共同肯定了利用量子纠缠态进行计算的可能。随后，保罗·贝尼奥夫正式提出了"量子计算"概念。

图 1-7-1　理查德·费曼

所谓量子计算，主要是指利用量子的态叠加原理与量子相干原理完成的计算。计算过程中，粒子在进入量子状态后，能够用"超态"的上下两个方向的量子自旋来表示数值，从而完成计算任务。与经典计算相比，量子计算的最大特点是它能够进行强大的并行计算。根据理论设想，由几百个量子比特构成的量子计算机，可以同时进行数十亿次运算。其效率远远超过今天人类计算能力的极限。良好的产业愿景，以及摩尔定律极限的逼近，让各个国家与科技公司纷纷投入量子计算的开发竞赛中。而这次科技竞走的核心指标，就是谁能率先实现所谓"量子霸权"，即用所开发的量子计算系统超越目前人类最好的算力设备。产学各界普遍认为，"量子霸权"的开启，意味着量子计算时代真正到来。

为此，半导体产业史上那些重要公司纷纷加入了这场游戏。最早开发出量子计算机的是一家专注于量子领域，名为 D-Wave 的公司。他们在 2011 年推出了128 比特的 D-Wave One 系统，被广泛认为是世界上第一个商品化的量子计算机。但它所使用的量子退火技术，实质上缺乏产业实践价值，更多是提供给科研机构的研究用品。

2017 年，新一轮"量子霸权"竞赛拉开了帷幕。这一年 3 月，IBM 公布消息称，已经研发出了"支持 50 个量子比特的计算机"。几个月之后，IBM 的老对手英特尔宣布量产了 49 个量子比特的计算芯片。到 2018 年 3 月，谷歌公布了名为 Bristlecone 的芯片，并宣称这款芯片可以支持 72 个量子比特的计算。谷歌相关团队负责人约翰·马丁尼斯在当时提出，Bristlecone 已经可以支持超越所有经典计算的量子计算，并认为年内就会实现"量子霸权"。

然而从 2019 年到今天，虽然谷歌、IBM 等公司陆续公布各种量子计算的计算机、编程框架以及软件库，但"量子霸权"依旧没有实现。事实上，在谷歌的一些实验中，虽然量子计算在一些特定任务上的计算能力远远超过超级计算机，但在绝大多数任务中依旧不堪负用。

除了通用计算能力的欠缺外，量子计算的稳定控制也是制约其商业化的关键因素。量子计算中，虽然量子比特数的增加是计算能力的核心，但更重要的是要对量子纠缠实现足够长时间且状态稳定的控制。量子计算是极其不稳定的，任何干扰都会造成巨大的噪声，这就让量子纠偏变得非常重要。而且由于干扰噪声的影响，量子计算机要建立在绝对零度的低温环境中，这也给商业化带来了巨大的限制。

尽管如此，量子计算依旧可以被视作革新计算产业可能性最大的技术。在国内，科技巨头们也纷纷投入量子计算布局，阿里巴巴的量子电路模拟器"太章"、华为的量子计算软件云平台"HiQ"、百度的量子机器学习开源框架"量桨"，都具有鲜明的产业特色与技术创新能力。而更为大众所知的，是中国于 2016 年发射了"墨子号"量子卫星。其背后的中国量子卫星首席科学家潘建伟院士及团队，屡屡让人们看到中国在量子计算领域的突破。

虽然中国在量子计算领域取得了显著成果，但要客观地看到在核心的量子计算硬件层面，中国量子计算产业还与全球几大科技公司之间隔着相当长的距离。即使是谷歌、IBM、D-wave，他们所展示的量子计算创新也还集中在实验室层面，距离商用还有遥远的距离。目前的全球量子计算产业随时可能冒出令人振奋的消息，激发产业和资本的狂欢，但更可能很快归于平静。潮涨潮退之后，量子计算很大概率可以走出一个未来。而重点是，到那时中国量子计算产业会站在怎样的位置。

3. 计算新材料

关于计算创新，还有另一条相对被看好的路线：用新材料取代硅基材料制作晶圆。

这个思路的出发点在于，硅作为计算材料被发现有着相当大的偶然性，那么或许还存在其他自然或人工材料，可以通过材料代替来打破摩尔定律的极限。硅的一大特点就是散热性不强，功耗相对较大，新半导体材料也被认为是解决计算能耗问题的根本方案之一。 在众多新半导体材料中，石墨烯是目前最受关注的一种。自从 2004 年英国曼彻斯特大学的两位科学家安德烈·盖姆和康斯坦丁·诺沃肖洛夫，从高定向热解石墨中剥离出石墨烯，这种材料的多方面价值就受到了广泛关注。作为半导体材料，石墨烯的导电性极好，而且在理论上可以做到比硅晶圆更小，从而增强芯片的能效。而石墨烯最大的特点是产热很少，并且有着良好的导热性，被广泛应用在散热领域。这也是半导体材料亟须的关键特性。

但问题是，目前高纯度的石墨烯提取还非常复杂，很难实现产业化。并且石墨烯本身非常脆弱，很难实现以其为材料的晶圆制造。在已经有的产业尝试中，良品率始终不尽如人意。或许只有适配石墨烯的半导体工艺与辅助材料工艺都得到大规模发展，石墨烯芯片才有真正的产业价值。

近几年，半导体产业开始逐渐认为碳基材料取代硅基材料是延续摩尔定律的关键。为此，众多科研机构开始沿着碳基的方向寻找半导体新材料。也有一些实验认为，新的无机化合物是解决芯片材料的关键。另外，在量子计算等新计算模式中，也必然需要与之相适配的芯片材料，这也让计算材料的更新拥有比延续摩尔定律更长远的价值。

总体而言，让新的计算模式、计算材料绕道经典计算，在今天的产业现实中属于"有希望，但机会渺茫"。并且，西方世界扎实的基础科学研究，让材料学、物理学、工程学等基础创新，以及相关人才培养依旧主要发生于欧美、日韩等发达国家。作为计算产业的后起之秀，弥补经典计算 70 年的差距已经非常困难，想要追赶基础科学领域的差距更是难上加难。

但是在半导体与计算机的历史上，从来没有哪次创新和突破是容易的，也只有艰难的追赶才能筑起独属的壁垒。而在中国发展量子计算等新计算领域的过程中，我们会很容易在社交媒体上注意到这样一种声音："不要发展这些，这都是美国的科技竞赛陷阱。做到最后只会劳民伤财。"

这种说法有道理吗？客观来看，科技竞赛变成科技陷阱的情况在历史上不乏例证。比如 20 世纪 40 年代，苏联与美国都在大力发展电子管计算机。而后美国产业链一举切换到了晶体管赛道，延续电子管发展模式的苏联吃了一个大亏。再如 20 世纪七八十年代，日本和美国共同发展新一代计算机和专家系统，日本提出了著名的"第五代计算机计划"。而后来美国产业链反而走向了微型机和家用计算机，举国之力发展的"第五代计算机"成了日本经济泡沫破裂的诱因之一。

如果说我们不需要担心绕路途中的"芯片陷阱"，那其实是一种无视历史的盲目乐观。但在谨慎之余，也绝不能陷入因噎废食的过度保守。从苏联到日本，半导体陷阱往往伴随着少数人的决策和缺乏产业竞争的培育环境。比如说苏联的计算工程始终面向备战，缺乏学术界、产业界与决策层的有效沟通；而日本的"第五代计算机"项目耗费了过长的开发成本与开发时间，在一种举国狂欢的真空氛围里，缺乏项目周围的商业竞争与产业检验。而美国在两次竞赛中的成功，都不是政府机构设置了阴谋，而是科学家的技术突破，或者某个公司在纯市场行为中的创新，自然淘汰了不合理的产业路线。

因此，想要在创新与探索之路上避开"芯片陷阱"，需要让计算产业在三个环境因素的辅助下发展。

（1）有效的全球化沟通与协作机制，避免产业链割裂带来方向性困局。

（2）创造包容、自由、富有活力的科研环境，允许失败，甚至允许浪费和试错，允许天才式的创新。在半导体历史上，往往一个天才的想法将颠覆一个时代。

（3）用有效的商业竞争和开放的市场环境、开发生态来证明产业路线的生存活力，而不是用少数人的判断来指导方向，避免陷入越走路越窄的恶性循环。

半导体作为全球化程度最高的一种技术，其成果却不是全球大家庭共享的。虽然近乎所有国家和地区都需要半导体产品，但迄今为止全球只有 20 余个国家和地区可以参与半导体产业链的核心部分。另外，随着半导体技术的发展，全球半导体产业中心在数十年间始终发生着迁移和竞争。

国家和地区之间围绕一枚小小的芯片所发生的博弈构筑了芯片史的主轴，也是今天世界半导体产业局势的成因。当我们在思考中国半导体如何实现突围时，很可能会发现其方式已经暗自写在了历史中。

8　荷兰"半导体明珠"是如何炼成的？

荷兰是欧洲半导体产业区位不可绕开的重镇，而荷兰光刻机公司 ASML（Advanced Semiconductor Material Lithography，先进半导体材料光刻公司）更是欧洲半导体产业不容忽视的存在。

在 20 世纪光刻机产业的残酷淘汰赛中，1984 年才登场的荷兰光刻机公司 ASML 成了这一领域的最大胜利者。直到今天，ASML 仍然是光刻机行业的翘楚，而且是世界上唯一能够生产最先进 EUV 光刻机的制造商。这个被誉为半导体皇冠上明珠的 ASML，对于芯片制造产业来说到底有多重要呢？用 ASML 总裁彼得·温宁克在 2017 年接受《天下》杂志专访时说的一句话就是："如果我们交不出 EUV，摩尔定律就会从此失效"。

目前，摩尔定律的极限已实现 5nm 制程，接近 3nm、2nm 制程工艺，想要实现这些工艺节点，就一定要用到荷兰 ASML 的 EUV 光刻机。2019 年，ASML 一共生产和销售了 229 台光刻机，其中 EUV 光刻机 26 台。即使每一台 EUV 的售价高达 1.2 亿美元，却依然是全球顶尖芯片制造商争先订购的抢手货。

ASML 如何从飞利浦的一家不起眼的合资公司，成长为可以左右全球芯片产业格局的光刻机巨擘？到底是什么原因使身处欧洲小国荷兰的 ASML 取得如此巨大的成功？

通过光刻技术的发展史，我们会发现光刻技术的原理并不复杂，还在微米制程时代的芯片产业对于光刻机的要求并不高。比如 20 世纪 70 年代，英特尔也能买来各种零件，自己组装光刻机。

不过，随着制程工艺不断向前演进，光刻机的专业化制造成为主流趋势。20 世纪 80 年代初，占据光刻机主要市场的还是美国的 GCA 和日本的尼康。1980 年，尼康推出了商用的步进式光刻机 Stepper，随后逐渐取代 GCA，成为 80 年代光刻机产业的翘楚。

1984 年，ASML 由荷兰飞利浦公司与一家荷兰芯片设备代理商 ASMI 合资成立，此后就一直专注从事光刻机设备的研发和生产。ASML 虽然有飞利浦的背景，但并没有含着金汤匙出生。成立之初，ASML 只有 31 名员工，办公地点也仅是飞利浦总部外面空地上的一排简易厂房，而且面临着自身技术落后、市场竞争激烈、资金不足等发展难题。不过，ASML 一开始就本着"初生牛犊不怕虎"的精神，成立第一年就克服种种技术困难，推出了第一代步进式扫描光刻机 PAS2000，获得市场的初步认可，ASML 才得以生存。

20 世纪 90 年代，ASML 凭借持续的产品改进和出色的销售能力，终于在光刻机市场站稳了脚跟。直到 1995 年，ASML 在美国的纳斯达克和荷兰阿姆斯特丹交易所同时成功上市，并且从飞利浦回购全部股份，实现了完全独立，也从资本市场获得了充裕的资金，开始加速发展。

20 世纪 90 年代末，由于干式微影工艺的技术限制，芯片制程的演进被卡在光刻机的 193nm 的光源波长上面。当时，尼康选择走稳健路线，延续自己在干式微影工艺上的技术优势，继续开发 157nm 的 F2 激光光源。处于落后位置的 ASML 则决定赌一把，采用了一种被称作"浸润式光刻"的技术方案。这一方案由在台积电的工程师林本坚在 2002 年提出。林本坚拿着这项技术方案，几乎游说了全球所有光刻机厂商之后，最终只打动了"后进生"ASML。

2004 年，经过双方一年的通力合作之后，ASML 赶出了第一台浸润式光刻机样机，并先后拿下 IBM 和台积电等大客户的订单。虽然尼康很快推出了干式微影 157nm 的产品，但和已经实现 132nm 波长技术的 ASML 相比，已然落后一程。2007 年，ASML 拿到 60% 的光刻机市场份额，首次超过尼康。

而后来 ASML 在 EUV 光刻技术方面的突破，则将尼康远远甩在后面，使其再无还手之力。这次机会还得从 1997 年英特尔和美国能源部牵头成立的 EUV LLC 联盟说起。当时，同样为攻克 193nm 光源的限制，英特尔寄希望于更为激进的 EUV 光源。由于这项技术的研究难度极高，英特尔联合美国能源部及其下属三大国家实验室：劳伦斯利弗莫尔国家实验室、桑迪亚国家实验室和劳伦斯伯克利国家实验室，还有摩托罗拉、AMD、IBM 等科技公司一同来研究 EUV 光刻技术。

EUV LLC 联盟还需要从尼康和 AMSL 这两家当时发展最好的光刻机企业中挑选一家加入联盟。经过一番权衡，最终选中了"听话懂事"的 ASML。ASML由此获得了美国最领先的半导体技术、材料学、光学以及精密制造等相关技术的优先使用的资格，同时 ASML 也将自己的生产、接受监管的权限交给了美国政府。2003 年 EUV LLC 联盟解散时，其使命已经完成。6 年时间里，EUV LLC 的研发人员发表了数百篇论文，大幅推进了 EUV 技术的研究进展，证明了 EUV 光刻技术的可行性。这些成果让作为联盟成员的 ASML 占得先机。

但是研制出一台真正的 EUV 光刻机并不容易，最终能否研制成功也还存在着巨大的不确定性。从 2005 年到 2010 年，ASML 花费 5 年时间，解决了资金、技术等诸多难题，才终于生产出第一台型号为 NXE3100 的 EUV 光刻机，并率先交付给台积电投入使用。

接下来，整个高端光刻机领域就成了 ASML 的独角戏。此后几年经过一系列技术并购和升级，ASML 又在 2016 年推出首台可量产的 EUV 光刻机 NXE3400B 并获得订单，从 2017 年第二季度开始出货，售价约为每台 1.2 亿美元，成为台积电、三星、英特尔等排队抢购的爆款设备。

从 1997 年到 2010 年，ASML 历经 13 年时间，终于成了光刻机产业的"头号玩家"。2010 年至今，ASML 更是所向披靡，牢牢占据高端 EUV 市场的技术高地，至今再无对手。从 ASML 的数次关键选择中，我们既能看到外在机遇的青睐，也能看到其自身所具有的特质。ASML 在从无到有、从弱到强的发展过程中，保持了灵活性、创新性以及敏锐的战略眼光与勇敢投入，所以才能够在劲敌环伺的光刻机产业当中生存壮大。

今天来看，ASML 的发展过程可以分为三个阶段：1894 年诞生到 1995 年上市的生存发展期，1995 年到 2007 年的逆袭赶超期，2007 年至今的领先称霸期。

第一个阶段，缺钱一直是 ASML 发展的瓶颈。1988 年，ASML 进军中国台湾市场时，曾经因为两位老东家的撤资一度濒临破产。幸好后来 ASML 时任 CEO 施密特向飞利浦董事会"化缘"了一亿美元才幸运渡过了难关。靠着这笔"救命钱"，ASML 在中国台湾市场站稳脚跟。随后几年，ASML 步进式扫描光刻机的热销扭亏为盈，度过了艰苦创业的岁月。

第二个阶段，上市之后的 ASML 在一定程度上解决了资金困境，而两次关键的选择则帮助其完成了对尼康的逆袭。在加入美国能源部主导的 EUV LLC 联盟的过程中，除了英特尔的从中牵线以及美国政府对日本半导体产业的忌惮和对尼康的不信任这些外在因素，ASML 的积极斡旋和主动示好，才是其能进入美国核心技术领地的关键。

ASML 当时做了两件事情，一是愿意出资在美国建厂和研究中心，二是保证 55% 的原材料都从美国采购，相当于无条件"投诚"美国，终于换来美国政府的信任。当然，ASML 所在的国家荷兰，因为本身的地缘位置和国家实力，使美国政府不用过于担心核心技术被 ASML 掌握而无法控制的局面。而 ASML 全球化的战略视野以及灵活的合作政策，也是其能获得美国信任的关键。

在浸润式光刻技术路线的选择上，更能看出作为后进生的 ASML 的灵活、务实和敢于尝鲜的勇气，明智地选择了浸润式光刻技术。反而是过于强调自主研发的尼康，败在了路径依赖的大企业的窠臼当中。

第三阶段，由于在加入 EUV LLC 联盟后获得了 EUV 技术的研究成果，ASML 又全力投入 EUV 光刻机的研发，终于使其成为引领光刻机发展方向的那只"头雁"。

为突破技术难题，ASML 又联合了 3 所大学、10 个研究所、15 家公司，开展"More Moore"项目，着力进行技术攻坚。为解决资金困境，ASML 在 2012 年提出一项"客户联合投资计划"（CCIP），也就是 ASML 的客户可以通过注资，成为股东并拥有优先订货权。这一计划立刻得到芯片制造行业的三巨头——英特尔、台积电和三星的响应，一共投入数十亿美元支持 EUV 光刻机的研发。这一举措无疑实现了双赢的局面。ASML 将研发资金的压力转移了出去，让头部客户为 EUV 光刻技术研发买单；同时又确保了客户对先进光刻技术的优先使用权和股权收益。至此，ASML 与其大客户形成了一个利益共同体，共担风险，共享回报，维持了 EUV 光刻技术的稳步迭代。

ASML 的成功，还离不开其一直以来对于上游产业链的持续投资并购，以构建完整的上游供应链，获取技术上的领先优势。2000 年，ASML 收购美国光刻机巨头硅谷集团光刻系统公司（SVGL），获得当时新一代 157nm 激光所需的反折射镜头技术，推动了市场份额的快速提升。2007 年，ASML 收购美国 Brion 公司，奠定了其光刻机产品的整体战略。

在 CCIP 之后，ASML 又收购了全球领先的准分子激光器厂商 Cymer，获得了 EUV 最需要的先进光源技术；此后又收购了电子束检测设备商 HMI，以及入股了光学镜头领头的 Carl Zeiss。由此 ASML 构建起完整的上游供应链，获得了布局 EUV 光刻机的领先技术。

此外，就是 ASML 在研发上面不惜投入重金，并且依托自身资源和技术积累，与众多研究机构、学校和外部技术合作伙伴一起，建立了一个巨大的开放式研究机构，共享全球前沿技术知识和能力。在研究合作上面，ASML 与 Carl Zeiss、Cadence 建立长期合作，与世界著名研究创新中心 IMEC 展开 EUV 光刻技术的合作。

在研发投入上面，ASML 近五年的研发投入都保持在营收的 13% ~ 20%，其中，2019 年度 ASML 投入了 18 亿美元用于技术研发，占到净销售额（107 亿美元）的 16.9%。正是 ASML 不断地研发投入、积极向外寻求资金、研发技术支持，并且带动下游客户共同投资参与，才最终推动了 EUV 技术的研发进程，成为全球唯一一家能够设计和制造 EUV 光刻机设备的垄断者。

光刻机技术发展到今天，已经进入一个全球化高度分工、前沿技术高度聚集、资本高度密集，甚至政治高度博弈的局势。

首先，ASML 早期的成功得益于荷兰半导体产业的基础实力和产业开拓者前瞻性视野的支持。ASML 的技术基础来源于飞利浦的光刻设备研发部门，飞利浦从 1971 年就开始了透镜式非接触光刻设备的研发。ASML 能成立的另一原因，就是另外一个投资公司 ASMI 的传奇创始人，也是荷兰半导体设备开创者亚瑟·帕尔多（图 2-8-1）。极富战略眼光的亚瑟·帕尔多和从威廉·肖克利实验室里离开创业的迪安·纳皮克相识，获得了在欧洲开拓半导体市场的机会。当时，由于成本高昂、技术问题等原因，飞利浦计划要关停光刻设备研发小组。正是在亚瑟·帕尔多的坚持下，飞利浦才同意与 ASMI 成立合资公司，ASML 才得以诞生。

图 2-8-1　ASMI 传奇创始人亚瑟·帕尔多（Arthur del Prado）

其次，光刻机产业就是一个天然趋向垄断性的产业。由于高端光刻机的研发投入巨大、技术难度极高，而需求市场又仅限于为数不多的芯片制造企业。一旦某家企业提前实现技术突破和稳定量产，就会产生"赢家通吃"的局面，拿到下游芯片厂商的绝大多数订单，而落后者几乎再无能力实现技术突破。

最后，ASML的垄断也有商业上的现实原因。事实上，主要半导体企业英特尔、IBM、三星等也曾想尝试扶持一家硅谷光刻机厂商来制约ASML，但最终以惨败收场。技术壁垒和有限的市场需求，决定了光刻机产业只需要一个高端光刻机供应商即可。如果同时并存两家或多家高端光刻机供应商，只会因为激烈的价格竞争而导致两败俱伤，延缓整个半导体产业的升级速度。另外，ASML已经与上下游产业链形成了稳定的利益共同体。特别是CCIP计划的提出，以接受股东注资的方式引入英特尔、三星、台积电等全球半导体巨头作为战略合作方，并给予股东优先供货权，从而结成紧密的利益共同体，在共享股东先进科技的同时降低自身的研发风险。这种利益共享、风险共担的方式更加巩固了ASML无可替代的垄断地位。

当然，除了自身优势之外，ASML的成功也离不开整个西方半导体产业的扶持，美国政府和投资机构在其中扮演着至关重要的角色。在美国主导的《瓦森纳协议》体系和美国投资机构、核心技术研发等方面的制约下，ASML严格来说是一家同时受美国扶持和默许其"垄断地位"的企业。

ASML的成功，本质上既是一场荷兰半导体产业创新突围的结果，完成一次从小到大、从弱到强的"蝶变"过程；又是ASML享受全球科技高度分工的结果，成为全球如此复杂的光刻技术链的整合者角色；同时也源于以美国为首的科技霸权的一次"合谋"的结果，ASML以其开放、合作的运营机制，充当着半导体上游高端设备供应者的角色。

因此，ASML能够成就今天的光刻机霸主地位集合了复杂的商业、技术、政治的因素。对于中国光刻机产业的发展来说，ASML的成功除了那些难以改变的政治区位博弈外，仍然有着积极的借鉴意义。

⑨ 三巨头与"走稳路"的欧洲半导体

在时间长河里，半个世纪不过是转瞬即逝，但对于半导体产业来说，半个世纪却已历经风云激荡，可谓是波澜壮阔，蔚为大观。

当我们以纵向视角回顾了从贝尔实验室的一个晶体管到如今几纳米工艺的超大规模集成电路的半导体技术演变后，再以横向视角来看下，半导体产业如何从美国的硅谷，如星火燎原一般遍及欧洲、日本、韩国、中国台湾地区等今天这几个主要的半导体产业集群当中。

当前，作为半导体产业发源地的美国，仍然是占据全球半导体最大市场份额、拥有最全半导体技术品类、投入最多研发费用的"带头大哥"。日本则在享受了美国半导体技术转移的前期红利，并曾在 20 世纪 80 年代将美国短暂甩在身后的辉煌之后，很快遭遇来自美国的阻击和韩国、中国台湾地区的围攻，进入 20 世纪90 年代后陷入沉寂。

韩国半导体产业在举国之力的扶持下站稳脚跟，诞生出三星这样的半导体产业巨头。中国台湾地区也赶上半导体产业专业化分工和产业转移的红利，成长为全球半导体产业不可或缺的新兴力量。

与此同时，欧洲半导体产业的发展史却总是给我们一种"雾里看花"之感。欧洲本身拥有着极好的工业基础、人才优势，也与美国有着天然的地缘政治联系，欧洲各国对计算机和半导体产业的扶持也是不遗余力，但欧洲半导体的发展现状并不尽如人意。欧洲的半导体产业集群，在今天仍然是全球半导体产业版图的重要一块。既有被称为欧洲半导体"三巨头"的英飞凌、恩智浦、意法半导体这样的 IDM 制造商，也有荷兰 ASML、英国 ARM 这样的半导体上游制造设备和 IC 设计的领导者。

然而欧洲半导体三巨头的市场主要聚焦在工业和汽车半导体领域，只能攫取全球半导体市场 10% 多一点的份额。半导体上游企业虽然能够获得超高利润，但也只能分走半导体产业微不足道的一点蛋糕。

欧洲半导体的兴衰，自然有着全球经济格局变化以及半导体产业链转移这些外部因素的影响，根源上却仍然与欧洲各国的产业政策和半导体企业的角色定位、发展目标等息息相关。

在中国大陆地区正谋求成为全球半导体产业新势力的当下，重新考察半导体产业链的版图迁移和这几个主要半导体产业聚集的国家和地区的区位博弈，将会成为我国半导体产业发展的极佳参考样本。

回顾欧洲半导体产业发展史，我们必须先了解半导体产业初兴时整个欧洲的政治博弈。

我们通常把"欧美"当作政治经济文化一体的概念来说，但其实"二战"后的美国和欧洲在国家经济和产业政策上面的差别极大，甚至欧洲的几个主要大国，特别是英国、法国和当时的联邦德国的经济和产业政策，同样是差别极大，甚至一个国家在不同时期的政策也不尽相同。

在全球半导体产业兴起初期，我们很难在欧洲看到像美国那些新兴的半导体公司的诞生，也很难标记出那些能够改变半导体进程的关键性人物和企业家。之所以会形成如此巨大的反差，原因在于欧洲各国更加奉行依靠原本的工业巨头来涉足新兴的半导体产业，通过并购重组等方式来实现"规模化"的竞争优势。这一简单的归因自然不能涵盖欧洲半导体产业发展的全部逻辑，我们希望能用尽可能简单的回顾来探寻欧洲这几个主要国家的半导体产业政策的根源。

"二战"后至今，西欧的产业政策大致以 20 年为一阶段，分为三个时期。而西欧各国的半导体产业发展，与英、法、德各国的经济产业政策紧密相连。

第一阶段从 20 世纪 50 年代到 70 年代末期，欧洲主要国家，特别是英法采取了强有力的政府干预的产业政策，并将航空航天和计算机产业列为重点发展产业，通过打造大型的领军企业来缩小同美国之间的技术差距。

"二战"后的英国，并没有快速走出战时管制经济的惯性思维。1945 年新上台的工党更倾向于国家控制经济，开始进行大规模的国有化扩张。英国政府将航空、核能和计算机产业列为当时重点扶持的产业。不过，英国政府支持下的计算机产业当时没有充足的国防订单，也没有外销市场，难以在和 IBM 的竞争中形成市场优势。

1968 年，英国将当时最大但持续亏损的 ICT 计算机公司和英国电气公司的计算机部门合并，并在政府主导下成立了国际计算机有限公司（ICL）。英国政府一方面持股，并为研发进行拨款，另一方面又充当买主，采购 ICL 的产品。但是当时已处在大型机开始没落，个人计算机正在兴起的转折期，尽管政府一直予以大量援助，但 ICL 仍然没有让英国的计算机产业崛起。

这一时期的英国，主要是提防 IBM 这样的美国科技巨头对本国高科技产业的威胁，但他们忽视了创新企业更容易利用新技术来抓住产业的机遇。同样在 1968 年成立的英特尔用短短 10 年时间成为世界领先的半导体存储器生产商。

20 世纪 70 年代后期，在英国工党执政下成立的国家企业委员会（NEB）还沉浸在"规模制胜"的迷雾中，主张通过政府直接的扶持来推动英国工业现代化，包括直接投资半导体企业 Inmos。但 1979 年，代表保守党的撒切尔夫人上台开始改变这一政策，推行国企私有化进程，最终 Inmos 被出售给法意两国联合成立的 SGS-Thomson 半导体公司。因此，英国政府主导下的积极干预政策并没有达到其所期望的效果。

"二战"后的法国政府也开始将国有化和经济计划作为推动产业发展的手段。1958 年再次上台的戴高乐决心通过推动国家领军企业的"宏伟计划"，以推动法国跻身工业强国的前列。不过，当时重点推动的产业是极具战略背景的原子能和航空业，直到 20 世纪 60 年代，面对 IBM 计算机的崛起，法国才开始重视对本土计算机产业的培养。

在此背景下，由法国三家电气公司的下属企业合并而成的法国国际信息公司（CII）成立。为保障 CII 能够从国内获得半导体元件，法国政府启动"元件计划"，推动了汤姆逊公司对法国半导体总公司的控股，将两家公司的半导体业务合并，成立 Sescosem 公司，成为法国半导体产业的领军企业。20 世纪 70 年代，时任法国总统德斯坦开始减少政府对市场的干预，在半导体领域，开始鼓励新的企业参与其中，改变汤姆逊一家独大的局面。

战后西德经济的迅速恢复和 20 世纪 50 年代的经济增长奇迹，其实源于西德政府在战后奉行的不干预政策和私有化策略。由于战后国际社会对德国的制裁和各种管制，西德被禁止在航空航天和计算机等国防相关产业进行发展。尽管西门子取得了对超纯度硅工艺的开发成果，给电子技术带来了巨大革新，也使西门子获得丰厚的营收，但德国在这一时期的半导体产业的进展有限。欧洲各国在这一时期的产业发展都带有强烈的本国色彩。一个典型案例就是 20 世纪 60 年代，英国首相哈罗德·威尔逊向欧洲诸国提出市场技术一体化的建议时，遭到戴高乐的坚决反对。到了 20 世纪 70 年代中期，面对普遍的经济衰退，欧洲各国政府开始认真审视市场一体化和欧洲内部科研合作的必要性。

欧洲半导体产业进入第二个发展阶段，是从 20 世纪 80 年代开始一直到 21 世纪初期，欧洲各国的产业政策目标是改善企业的商业环境，并且更加强调企业间的自由竞争。在此期间，欧盟范围内各国的经济深度融合，其中阻碍跨境贸易和投资障碍被取消，电力和电信等由国家控制的行业实现了部分私有化，政府对于本土企业的保护和支持能力也在弱化。

此前的 20 年，眼睁睁看着美国高科技产业兴起壮大的英、法两国，并没有在政府的强力干预中形成支柱型科技企业，反而是信奉不干预政策的西德取得了超过英、法的发展速度，而东亚的日本也在半导体和通信等高新技术产业上取得了巨大的成功。

这些经验教训使英、法两国不得不权衡其产业政策。英国在撒切尔夫人主政时期，开始了"新自由主义"的发展阶段，一系列企业的私有化和外资的引入增加了英国企业的活力。

20 世纪 80 年代，在英国剑桥大学周围，后来被称为"硅沼泽"的一块地区，诞生了一批信息技术领域的创新型公司，其中就包括此后催生出 ARM 的 Acorn 计算机公司。

在半导体领域，随着意法半导体集团（SGS-Thomson）收购英国本土半导体公司 Inmos，英国大型半导体制造商就只剩下英国通用电气公司（GEC）一家，主要专注于军用设备的半导体研发生产上。此后英国的半导体市场主要依赖美国、日本和德国的半导体制造商。

英国从 20 世纪 80 年代开始采取的自由经济政策，以及引入国外企业的投资与自由贸易，使英国主动放弃了在计算机和半导体产业上面的自主化的执念。1990 年，英国电讯公司将国际计算机公司（ICL）80% 的股份卖给了日本富士通公司，转型为一家信息系统和服务提供商。而 ARM 也放弃了对处理器芯片的生产，转型为一家处理器 IP 授权的服务商。这也意味着英国企业放弃了在半导体制造业的市场，专注于半导体软件服务领域。

法国也是在这一时期，开始将大量国有化的企业进行私有化改革。但当时法国工业巨头汤姆逊并没有在第一轮私有化中得到调整，由于一直得到政府的大力支持，汤姆逊得以在 1986 年收购美国莫斯卡特半导体公司。但这一收购计划过于冒进，汤姆逊半导体事业部此后一直亏损，最后在法国政府的斡旋下，1987 年与意大利国有配件制造企业 SGS 成立了合资公司。1990 年，合并后的企业更名为意法半导体集团（SGS Thomson Microelectronics），后更名为现在的意法半导体（ST Microelectronics）。

20 世纪 80 年代，由于东西德的合并以及遭遇两次石油危机，德国进入了一段时间的经济放缓和高失业率时期。此外，由于德国在传统工业和制造业上面的强大惯性，使其在向信息技术和生物技术等方面进行产业转移时产生了一定的困难。

针对这些问题，德国政府的研究部对西门子和 AEG 等工业巨头成立的信息技术公司给予大力支持。而当时在半导体微小器件的生产上，西门子仍然无法和日本的制造商抗衡。因此在德国政府的支持下，西门子和荷兰的飞利浦公司成立了合资公司，随后意法半导体集团也加入了这项合作。不过，西门子仍然和东芝、IBM 进行了合作，单独获得这些公司的半导体专利使用权。

当时，半导体业务一直处于亏损状态，但是西门子仍然坚定决心加大对半导体业务的投资。这一做法引起了西门子主要投资者英美股东的不满。到 1999 年，西门子半导体部门最终独立出来，成为今天独立的半导体公司英飞凌（Infineon）。

在欧洲半导体产业的版图中，还有一个产业重镇荷兰，而 20 世纪八九十年代支撑荷兰半导体产业的关键就是飞利浦电子公司。凭借着出色的研发能力和前瞻性，飞利浦在 1953 年成立了半导体部门，并在 1965 年生产出了第一个集成电路芯片。

在 1975 年，飞利浦收购了从仙童走出的卡特纳创办的 Signetics 半导体公司，构成了此后飞利浦半导体发展的核心技术来源。20 世纪 80 年代，飞利浦一直处于半导体芯片生产商前 10 名的位置。

不过在 2000 年之后，随着企业业务战略调整和半导体业务上的持续亏损，飞利浦决定将半导体业务出售给一家荷兰的私募财团。最终，恩智浦（NXP）半导体公司在 2006 年独立，成为今天的欧洲半导体三巨头之一。

意法半导体来自法国和意大利两国的强强技术联合，英飞凌和恩智浦的成立，得益于双方母公司各自的利益调整。正因为这三家公司可以作为独立实体，不再依附于原来企业集团的架构和发展策略的掣肘，才能在全球的半导体市场当中，找到自己的市场定位和生存之地。

这一阶段，欧洲各国在经济和技术上更加紧密地联系在一起。为提高欧洲产业竞争力，欧洲几个主要国家推出了两项措施，一个是欧洲信息技术研究战略计划（ESPRIT），制订了包括"欧洲先进通信研究"（RACE）和"欧洲工业技术基础研究"（BRITE）等计划，试图复制日本在微电子领域的成功；另一个是单一市场计划，尝试建立一体化的欧洲市场，清除货物、资本和人员跨境流动的障碍。

在此基础上，1985 年，法国总统密特朗提议成立一个欧洲研究协调机构，后来被称为尤里卡计划。1989 年，尤里卡计划又推出了 JESSI 项目，即欧洲半导体亚微米硅联合计划。JESSI 计划出台时正是日本半导体如日中天的时候，当时，世界一半的半导体芯片市场掌握在日本手里，美国仅占三分之一，而欧洲只占 10% 左右，日本在 DRAM 存储器芯片市场的占有率为 90%。

这一计划从 1989 年开始到 1996 年结束，开发出 0.3 μm 64MB 的 DRAM 存储芯片。参与这一计划的有德国、法国、意大利、荷兰和比利时，主要进行项目主导的正是当时欧洲最大的三家电子集团——飞利浦、西门子和汤姆逊，一共集合了 50 家企业、大学和研究机构参与，最终将欧洲的芯片技术推进到 0.35 微米级的工艺水平。JESSI 计划一度因为 1990 年飞利浦退出 DRAM 项目的研制而产生危机，幸而德国西门子在这时扛过了重担，此后 JESSI 的成功也使西门子的 DRAM 业务受益匪浅。

JESSI 之后，欧洲又推出了 MEDEA 计划（欧洲微电子应用发展计划），作为 JESSI 计划的延续。为期 4 年的计划目标是继续推动半导体芯片达到 0.18 微米级，并推动其产品在计算机、通信、汽车等领域的应用。

这两个计划的完整实施，尽管花费了巨大的资金、人力、物力，但显著地增强了欧洲半导体产业的技术竞争力，成为欧洲微电子工业兴盛的基石。

总体来看，"二战"后的欧洲也前瞻性地意识到了计算机产业和半导体产业的重要性，但是几个主要国家在早期过度夸大了政府在纠正市场失灵问题上的能力，又过度指导和干预了企业发展的战略规划。尽管政府对于高投入、高技术门槛的半导体产业的扶持的初衷是好的，但通过政府政策引导和扶植来创造竞争优势的方法，却没有达到预期的效果。

与之相对照的是日本。日本政府并没有试图打造一个单一的无所不有的领军型企业，而是鼓励企业之间在前期的研究环节能够通力合作，攻克技术难关，推出产品后，相互之间以及与美国企业之间展开激烈竞争。事实证明，有政府主导但又允许企业灵活竞争的产业政策，是有可能推动企业取得竞争优势的。

第二个阶段的各国半导体产业政策可谓有输有赢。不过至少在艰难摸索中，政府开始允许企业通过业务剥离、吸引外资等方式来进行半导体业务的重新组合。不过，各国政府并没有放弃对半导体产业的扶持，而是改换方式，采取联合研究的方式，增强欧洲整体的半导体技术能力。

尽管欧洲半导体产业一直没有在全球半导体市场中占据过主要份额，也没有像日本半导体产业那样出现过短暂的突围。但欧洲仍然保留了多块半导体产业高地，以及三家如今仍活跃在半导体制造领域的巨头企业。

意法半导体、英飞凌、恩智浦三家半导体企业先后从其母公司独立或重组之后，直到今天，一直是撑起欧洲半导体产业的"三巨头"。

"三巨头"称谓的缘起，在于 1987 年以来这三家企业几乎从未跌出全球半导体企业 20 强，虽然排名有调换，但都没掉队。当然也再没有新兴的欧洲半导体企业进入这个头部榜单。

如今在全球半导体市场中，这三巨头主要选择了工业和汽车等 B 端芯片市场，而避开了竞争激烈的移动终端及计算机等消费级芯片市场。这就让芯片产业之外的人很少有机会听到三巨头的名声，自然也很少了解这三巨头在全球芯片市场中所扮演的角色，以及他们当下的竞争格局和未来可能的发展前景。

那么，三巨头之间有哪些纠葛和关联？各自有哪些优势？我们顺着这些问题接着讨论下去。

由于三巨头将市场都定位在 B 端芯片市场，三家各自的技术和产品自然有重叠，因此不可避免地会出现激烈的竞争。而在近几年三巨头的发展过程中，大规模并购其他半导体企业和技术公司，成为能够快速赶超对手的"常规"手段。2018 年，曾传出"英飞凌试图收购意法半导体"的消息，最后可能是因为法国政府的阻挠而告吹。甚至早在 2007 年，还有"意法半导体要收购英飞凌"的传闻。可见三巨头相互之间觊觎对方已久。

而在三巨头的关系中，英飞凌和恩智浦的竞争最为激烈，双方都在汽车半导体领域深耕多年，且排名接近。2015 年，恩智浦以 118 亿美元的价格，收购了美国的飞思卡尔半导体（Freescale Semiconductor），成为当年的天价收购案。完成此次收购后，恩智浦成功进入全球半导体厂商前十的行列，成为全球最大的车用半导体制造商，并且成为车用半导体解决方案与通用微型控制器（MCU）的市场龙头。

经此一战，英飞凌虽然在汽车半导体市场略占下风，但也没有停止并购扩张的脚步。为巩固其在功率半导体的领先地位，英飞凌在 2015 年率先以 30 亿美元的价格并购美国国际整流器公司；又在 2020 年 4 月，宣布以 100 亿美元的价格完成对美国赛普拉斯半导体公司的收购。

赛普拉斯半导体的产品包括微控制器、连接组件、软件系统以及高性能存储器等，与英飞凌当先的功率半导体、汽车微控制器、传感器以及安全解决方案形成了高度的优势互补，双方将在 ADAS/AD、物联网和 5G 移动基础设施等高增长应用领域提供更先进的解决方案。

简单来说，英飞凌的目的仍然是要加强汽车半导体产品的实力，试图超越恩智浦的汽车半导体业务。此外，英飞凌在 MCU、电源管理和传感器芯片方面已超过或接近意法半导体。

2019 年，恩智浦以 17.6 亿美元收购美国美满电子（Marvell）的无线连接业务，主要产品线是 Marvell 的 Wi-Fi 和蓝牙等连接产品。通过这一收购，恩智浦可以更好地增强其在工业和汽车领域的无线通信实力。

相比之下，过去几年意法半导体在并购市场的动作较少，但也并非没有。2016 年 8 月，意法半导体宣布收购奥地利微电子公司（AMS）的 NFC 和 RFID reader 的所有资产，获得相关的所有专利、技术、产品以及业务，以强化其在安全微控制器解决方案方面的实力，为其移动设备、穿戴式、金融、身份认证、工业化、自动化以及物联网等领域的发展提供技术支持。

在 2019 年的 TOP15 半导体市场排名中，来自欧洲的这三家企业只能排在 12 ~ 14 位。恩智浦收购飞思卡尔的红利已经消失，而英飞凌收购赛普拉斯之后，两家营收加起来，使英飞凌大幅提升排名进到前十名当中。

从半导体产品形态来看，英飞凌、意法半导体和恩智浦，都是模拟芯片或模数混合芯片企业。从近几年的产业趋势来看，模拟芯片产业的集中度不断提高，而且模拟芯片企业的并购重组主要发生在美国和欧洲之间。从恩智浦和英飞凌收购的案例中，我们可以看到其对模拟芯片和模数混合芯片厂商的并购，而且标的几乎全部来自美国。

一方面说明美国模拟芯片整体的数量和实力都很强，另一方面也能看出全球模拟芯片企业进入了一个相对稳定的发展阶段，如果想要打破平衡，取得快速发展，并购重组和强强联合就成为一个直接有效的手段。

不过值得注意的是，美国和欧洲直接模拟芯片企业的这种"内部消化"，正在进一步拉大欧美和亚洲之间在模拟芯片产业上的优势差距。

为什么三巨头想要突破增长瓶颈，就必须依靠巨额收购来实现呢？这实际上跟模拟芯片产业的特点有关。与数字芯片要求快速更新迭代（摩尔定律）不同，模拟芯片产品的使用时间较长（通常在 10 年以上），产品价格也较低。寻求高可靠性与低失真、低功耗，核心在于电路设计，模拟芯片设计工艺特别依赖人工经验，且研发周期长。

一旦某家企业在某类模拟芯片上建立其研发优势，那么其他竞争对手就很难在短时间内模仿或者超越。同时也因为下游客户对模拟芯片超高稳定性的要求，一旦某些厂商建立其产品优势，其他竞争者也难以撼动其供应市场。所以，模拟芯片的产品与行业特点导致模拟芯片厂商存在寡头竞争特点。

德州仪器、亚德诺、意法半导体、英飞凌、恩智浦都是长期稳居全球 TOP10 的模拟芯片巨头，并且近几年集中度还在进一步上升。2020 年，亚德诺高价收购美信，甚至于有机会挑战第 1 名德州仪器的位置，而英飞凌对赛普拉斯的收购，也能让其排名大幅上升。

从产品线来看，三巨头都是老牌的 IDM 制造商，都拥有非常齐全的产品线，并且更加注重产品线工艺的稳步改进。

当然，恩智浦也想过拓展其他业务。2007 年，恩智浦曾收购 Silicon Labs 蜂窝通信业务，发力移动业务市场，以及数字电视、机顶盒等家庭应用半导体市场，但短暂的出圈尝试不够成功。因此，2007 年起恩智浦很快将无线电话 SoC 业务、无线业务和家庭业务部门予以出售或剥离，并重新集中到飞利浦时代就确立的优势领域——汽车电子和安全识别业务。2009 年，恩智浦开始主要发力 HPMS（高性能混合信号）产品，到 2019 年，包括汽车电子、安全识别相关业务的 HPMS 部门的营收占比超过了 95%，产品线大幅度集中。

另外，恩智浦一直在大力推广以 UWB、NFC 等为代表的射频芯片业务，2019 年收购 Marvell 的无线连接业务正是致力于这一方向的表现。英飞凌更重视其王牌业务板块——功率半导体产品。2016 年，英飞凌尝试从美国 Cree 手中收购 Wolfspeed Power 和 RF 部门，其目的也是集中资源、加强其功率半导体业务，不过最终被美国海外投资委员会（CFIUS）否决。

现在，英飞凌拥有汽车电子、工业功率控制、电源管理及多元化市场、智能卡与安全四大事业部。

相对于英飞凌和恩智浦，意法半导体在传感器业务上更加突出，特别是其

MEMS 技术竞争力很强，也正是依托该优势技术，使意法半导体在消费类电子、汽车及工业传感器应用方面都有较强的竞争力。另外，意法半导体的汽车和分立器件、模拟器件以及微控制器和数字 IC 产品都有相当比例的市场份额。

早在十几年以前，欧洲半导体产业就做出了自己的选择，那就是不在移动终端及 PC 市场寻求突破，而是专注于车用半导体和工业半导体两个细分市场。这一选择既有延续传统优势的考虑，又有对电动汽车及物联网这些新兴市场趋势的判断。

欧洲国家本身有良好的汽车工业和制造业基础，而欧洲半导体三巨头又在车用和工业半导体领域深耕多年，具备完整的设计、制造和封测的 IDM 体系，使竞争对手短期内难以超越，这也正是三巨头能够"守旧"的底气。

随着 PC 市场和移动终端市场红利期的结束，紧随 5G 网络普及而来的正是万物互联的物联网时代，智能电动汽车、无人驾驶、车联网、物联网等全新红利市场的到来，让欧洲半导体产业迎来新一轮增长周期。这是三巨头能够"拓新"的机遇。从"守旧"中"拓新"，正是欧洲半导体产业能够继续赢得未来市场的不二法门。

由于欧洲半导体产业一直以来无论是排名还是营收，相对于美国和亚洲厂商来说波动都非常小，但是未来又有一个稳定的增长预期，因此即便是三巨头如此大的体量，也成为美国半导体巨头试图并购的目标。

2016 年，美国高通尝试以 380 亿美元收购恩智浦，成为当年金额最高的收购计划。当时恩智浦表现出浓厚的兴趣，但大幅提高了报价至 440 亿美元。高通同意了这一价格，并且收购案先后获得了美国、欧盟、韩国、日本、俄罗斯等国家主要监管部门的同意。但在中国监管部门的反垄断审核期内，高通在其收购期内宣布放弃这项收购计划，并为此向恩智浦支付了 20 亿美元的"分手费"。

高通大力收购恩智浦的原因不难理解，那就是在 5G 发展可能受阻的情况下，获得恩智浦在汽车、物联网、网络融合、安全系统等领域的半导体技术优势，从而实现业务的互补和企业规模的飞跃。不过，在这场收购案中有一个关键环节是中国的反垄断审查。事实上，无论是恩智浦还是高通，中国都是最大的销售市场。

假如两家强行完成并购，在未来仍有可能面临我国的反垄断调查、限制甚至是处罚。

同样，对于恩智浦、英飞凌和意法半导体来说，中国既是最主要的销售市场，同时也是三巨头耕耘多年的新红利市场。

比如，恩智浦的众多业务早已在中国扎根。2019 年，汇顶科技以 1.65 亿美元收购恩智浦的音频应用解决方案业务（VAS），VAS 可广泛应用于智能手机、智能穿戴、IoT 等领域。更早之前的 2015 年，北京建广资产管理有限公司（以下简称建广资产）与恩智浦宣布成立合资公司瑞能半导体，随后建广资产又以 18 亿美元收购恩智浦的 RF Power 部门，成为中国资本首次对具有全球领先地位的国际资产、团队、技术专利和研发能力进行的并购。

2017 年，由中国资本公司收购恩智浦标准产品业务而组建的安世半导体，已经在半导体细分市场上取得二极管和晶体管排名第一， ESD 保护器件排名第二，小信号 MOSFET 排名第二，逻辑器件仅次于德州仪器，汽车功率 MOSFET 仅次于英飞凌的名次。

意法半导体也早已在中国耕耘多年，特别是其 STM32 系列的 MCU 在中国有巨大的市场影响力。而英飞凌在与 1998 年已入华的赛普拉斯进行整合之后，将获得更大的中国市场，并且英飞凌本身的功率器件在中国的销量也有巨大的增长空间。在 2020 年华为遭受美国在半导体方面的阻击之时，华为与英飞凌、意法半导体的合作，对于双方来说都显得非常重要。

在我们完整地回顾了欧洲半导体产业的"前世今生"之后，如果用一个字来总结，那就是"稳"。

从欧洲半导体产业初兴之时，在各国政府的主导下，几乎所有半导体产业都聚集在各国原本的工业巨头之下，享受产业政策的呵护。即使半导体产业从体量臃肿的母公司独立出来，也仍然只诞生出三家身世优渥的半导体巨头。

而三巨头在发展过程中，又一次经历了从臃肿到精简、不断剥离非核心业务的过程，此后的并购也主要集中在三家重点发力或者优势互补的产业方面。

这一切既源于欧洲大陆的传统工业基础优势的延续，又源于欧美亚洲在半导体产业格局上面的复杂博弈。欧洲半导体产业在利用自身传统产业优势的同时，也限制了其突破传统桎梏的机会。不会像日韩和中国这样，利用人口红利和后发优势，从零开始建立其各自的半导体特色优势。

⑩ 风起东洋：日本半导体的崛起

在不断升级的中美科技战中，每个人都很容易发现，在芯片上受制于人似乎是一个最难解的谜题。面对这种情况，很多国人可能都在思考：我们到底有没有可能打破"芯片枷锁"？

从历史里寻找答案是文明的天性，在审视国家间的半导体博弈时，有一个无法绕开的话题，就是20世纪60年代到90年代，横跨数十年、关系错综复杂的美日半导体纠葛。这段历史中最为人津津乐道的有两点：一是日本在20世纪80年代一跃超过美国成为全球半导体产业第一大国，并且建立了完善独立的半导体产业体系，这让日本成为迄今为止唯一达成过这一目标的国家；二是20世纪90年代开始，在美国一系列"围杀"之下，日本半导体产业随着经济泡沫的破裂遭到重创，美国重新夺回了半导体霸主的地位。

这些胜负交锋背后，其实隐藏着复杂的因果逻辑。美日半导体之战，也为今天中国半导体突围留下了最清晰丰富的历史参考。日本赶超，美国反超。美国丧失霸主地位，日本如何丢掉了难得的优势，每次胜败背后都藏着半导体区位博弈中某些值得被注意的"真理"。

一般来说，漫长的美日交锋可以分为三个阶段：从1955年，索尼通过通产省特别外汇指标购买专利，设计出了世界首款晶体管收音机开始，日本正式踏入全球半导体产业，到20世纪70年代末，日本在美国的打压与支持交替下，积累了大量产业优势，这25年可以看作日本半导体的兴起阶段；80年代的黄金十年，日本完成了对美国的超越，可以视作日本半导体的全盛期；90年代开始，美国在多重罗网交织下重拳出击日本半导体，最终夺回了半导体霸主的地位，日本半导体进入了一般意义上的衰落期。

书要听始末缘由，那就先从日本半导体产业的开端说起。让我们回到历史现场，重新审视这场 20 世纪最重要的"芯片战争"。

"二战"之后，日本百业萧条，民生狼藉。面对摧毁殆尽的产业基础，日本各行业开启了"大众创业"模式。此时的日本有两个比较有代表性的产业复苏模式，一是利用美国人给的政策和外汇补贴，发展本土制造业和国际贸易；二是在工农业被重创后，利用日本仅剩的人才教育优势，发展高知识密度的产业经济。二者结合下，日本产学各界很早就注意到了尚在襁褓中的晶体管。早在 1948 年，日本东北大学电气通信研究所所长渡边宁、通产省工业技术院电气实验所的驹形佐次为等人，就开始联合大学与企业里的技术人员，开展一系列关于半导体的研讨会，大量阅读和翻译美国的半导体相关文献，希望在其中寻找产业机会。

除了技术人才的努力之外，当时日本的另一个机会是美国提供了大量外汇补贴，并鼓励日本商人发展与美国的贸易。1946 年，盛田昭夫仅以 500 美元资本成立的东京通讯工业株式会社，也就是后来的索尼，都可以申请政府给予的外汇份额，直接到美国购买专利技术。这为日本商人极速参与半导体从发明到商机的过程提供了可能。

说起日本半导体的兴起，有一个人无法绕开。那就是在索尼刚刚成立就加入进来的岩间和夫（图 2-10-1）。得益于日本学界对美国科技动向的高速捕捉，1948 年晶体管刚刚发明，岩间和夫就敏锐地注意到了其中潜藏的机遇，并且提出晶体管收音机的设想。

但在当时，日本国内的制造业水平远远落后于美国，尤其在电子制造上缺乏有基础的产业工人与制造经验。于是岩间和夫亲自动身前往美国，到当时非常著名的西屋电气公司，考察工厂如何制造晶体管。显然，美国人也并不愿意向竞争者传授经验。于是岩间和夫在 4 次前往美国的过程里，硬生生依靠白天在工厂参观，晚上把记住的信息写下来，通过信件的方式寄回国内指导工人生产。足足 256 页的跨国信件，最终被称为《岩间报告》，它是索尼崛起的契机，也是日本半导体产业的开始。

图 2-10-1　岩间和夫

1955 年，索尼花费 2500 美元，从贝尔实验室购买到晶体三极管的专利许可，随后开始了半导体收音机的制造。至此，晶体管变成一个日本的新兴产业。便携式的半导体收音机很快收获了市场的正面回馈，这也带动了日本晶体管产业链的发展。东芝、日本电气公司（NEC）等公司纷纷加入了晶体管产业，为此后的半导体产业链打下了基础。1959 年，日本晶体管销量达成世界第一，产量追平美国。

学术上的前瞻性，利用外部扶持，并且极速完成产业化，一系列操作让日本用短短几年就将半导体变成了面向国际市场的重要产业支点。与美国半导体产业在当时主要依靠军用订单不同，日本企业专注于民用市场，用一台台收音机打造了另一种砝码。而后数十年的半导体历史也表明，来自民用市场的认可往往是真正的博弈胜负手。

我们一般会认为日本半导体之所以能崛起，离不开美国在"二战"后的大力扶植。这个判断当然有其道理，比如没有美国宽松的外贸和外汇政策，日本企业可能根本摸不到半导体的大门。但另外，客观上看美国政府和产业界，也从来没有对形成直接竞争的日本半导体行业产生过帮扶的想法，甚至和平共处的状况也寥寥无几。在日本半导体进入快车道之后，真正充斥于美日间的是大量专利纠纷，以及十分露骨的贸易保护政策。在日本半导体崛起阶段，最具代表性的就是 IC 产业之争。

1959 年，德州仪器申请了首个集成电路发明专利，其最大的竞争对手仙童半导体随即也申请了同领域专利，两家公司为集成电路的发明权展开了漫长的争执与纠纷，也就此宣告 IC 生产时代的到来。但是在晶体管产业赚得钵满的日本人并没有敏锐发掘 IC 的价值。直到 1966 年，日本通产省才将"集成电路"列入产业统计，宣告着"日本集成电路元年"的姗姗来迟。

在此之前，大规模集成电路（LSI）并非没有引起日本产业界的注意，但缺乏直接商业利益的驱动，让日本在布局 IC 产业上明显慢了一步。面对美国 LSI 的汹涌来袭，日本政府采取了坚决的保护主义措施，严格限制 IC 类产品的进口。不仅征缴高额关税，还仅仅允许极少数品种的 IC 进口，使日本半导体设备开发急速发展。此外，日本政府还会给予相关企业以直接的资金支持，日本在 1961 年成立了"新技术开发事业团"，其目的就在于以公有资金投资企业开发项目。大量半导体相关基础设施和底层技术，都收到过这一组织的资金帮助。

当 1966 年日本开始启动 IC 计划时，贸易保护政策加上通产省的产业组织模式，又一次展现了日本"举国发展半导体体制"的能量。通过立法的形式，日本政府在《电子工业振兴临时措施法（1957—1971 年）》的基础上，制订了包括 IC 项目在内的"超高性能计算机开发计划"，还对东芝的 IC 自动设计系统、NEC 的硅片工艺自动化、日立的装配工艺自动化等技术开发项目提供直接资助。

另外，日本政府面对 IC 真正的发明者——仙童与德州仪器，筑造起了高耸的政策与贸易壁垒。日本通产省对德州仪器进入日本市场采取了"能拖就拖，不能拖再说"的政策态度，不仅拒绝了德州仪器在日本设置独资公司，还极大地限制了德州仪器向日本的出口品类，阻止美国巨头成为日本 IC 产业的竞争者。

很快，在 20 世纪 60 年代的跨国公司与自由贸易氛围下，美国政府开始帮助德州仪器与仙童解决进不去日本的问题。通过贸易制裁等威胁，将芯片问题政治化。另外，这两家公司也威胁将通过切断专利供给等形式打击日本 IC 产业，逼迫日本政府改变策略。

对此，日本通产省做了不少工作。比如首先明确日本将逐步开放美国 IC 产业进入日本市场，但要求厘清 IC 产业专利权问题。前面说过，大规模集成电路的专利权在德州仪器和仙童之间争执不下，日本通产省有效利用了这个矛盾，声称德州仪器出口到日本的产品侵犯了仙童的专利。并且将通过 NEC 作为仙童专利代理的身份，控告德州仪器要求支付专利费。被反戈一击的德州仪器一下陷入了尴尬的境地，此时通产省亮出了底牌，要求德州仪器与日本成立合资公司，并以相对低廉的价格给日本 IC 产业提供技术专利。

虽然德州仪器与索尼的合资关系很快结束，但在日本本土 IC 产业发展初期这个关键阶段，通产省却通过贸易壁垒、政策游戏，甚至在美国公司间挑拨离间，为日本 IC 产业赢得了最关键的没有美国竞争的发展空间。随后，兵强马壮的日本 IC 产业便具备了与美国公司直接竞争的资本。

1970 年，日本政府撤销 IC 产品的进口限制，1974 年开始实施 IC 贸易与资本输入的完全自由化，随后也正式开始面向海外市场出口日本制造的 IC 产品。20 世纪 60 年代，随着全球贸易的崛起，美国科技公司也纷纷开启了第一轮海外布局。而这场影响至今的产业迁移对美日半导体交锋最重要的影响，是美国企业在政府支持下纷纷开启了全球产业链布局的新模式。但这次全球化冲击却并没有达到扼杀日本半导体的目的。很多美国企业认为，IC 产业的特点是前期复杂，后期产业链，比如封装、检测等工艺相对简单，可以迁移到劳动力密集型地区。于是众多美国半导体产业纷纷向美国军事布局密集、区位相对平稳的东南亚等地迁移，希望通过廉价的劳动力向日本半导体开战。

在技术、市场与政策之外，这场劳动力成本之战也是 20 世纪六七十年代美日半导体交锋的核心。为了应对美国的"东南亚工厂"，尚且缺乏全球布局能力的日本企业将目光投向了国内。最终，当时劳动力低廉、经济相对落后，被称为"没头脑的地方"的九州，成了日本 IC 产业的新阵地。

1967 年，三菱电机就首先在熊本县创办了半导体工厂，之后又有东芝、NEC、松下、富士通、索尼等著名企业入驻九州，1979 年九州的集成电路产量占全日本的 38.9%。在日本半导体产业最辉煌的日子里，九州变成了全球著名的

"硅岛"。

这里有个核心问题，为什么九州给日本提供的支撑，被证明远大于东南亚给美国半导体产业带来的低成本效益？究其根源，虽然九州最开始也是因为低劳动力成本的优势吸引了国内企业入驻，主要负责 IC 产业的后期制造与封装。但日本长期发展的教育事业，让九州的产业工人具备良好的学习能力与吃苦耐劳的精神，逐步开始提升自身的产业价值，将东京圈的 IC 产业链全部吸引到九州来。

随着九州 IC 产业崛起的，是大量的产业工人培训项目，宣扬日本传统工匠精神，以及有组织地开展工人间技术研究与管理效率提升活动。在 IC 产业发展过程中，九州形成了不断钻研技术、不断提升质量的产业氛围。由工人自己组织的"质量管理小组"模式，成为九州半导体产业的独特风景线。

这种对日本劳动力素质与教育基础的有效利用，在与美国的交锋中发挥了支撑作用。东南亚生产的美国 IC 产品很快出现了大量质量问题，良品率始终无法提升。而精益求精的九州模式虽然无法达到东南亚的成本低廉程度，却给日本 IC 带来了高质量、高良品率、高产业效率的重大优势。这一点直接促成了日本 20 世纪 80 年代超越美国成为半导体第一强国，并且直到今天在半导体产业依旧具有举足轻重的地位。

很多人认为，半导体是一门尖端产业，只需要少部分人努力；也有人认为，廉价劳动力就是一切。而九州的崛起证明，这两种判断都缺乏依据。如何有效利用中国高素质的产业工人群体，并进一步发展职业教育、职业素质，培育工人创新，或许才是解决半导体难题的核心方法。

半导体到最后拼的是人才，这点从未改变。

20 世纪 60 年代开始，日本大力发展 LSI 产业，并且通过地缘、政策上的一系列优势确保了产业地位。但更重要的是，日本企业解决了一个核心问题：LSI 用来干什么。

20 世纪 60 年代末，日本政府之所以要大力限制美国 IC 产业涌入日本市场，源头之一在于，1967 年夏普公司开发出首台全部使用晶体管的台式机。此后家用台式机的风口快速被打开，众多原本致力于军用订单的美国 IC 产业涌入民用，一时间导致原本根植于民用的日本半导体产业举步维艰。

面对美国气势汹汹的"半导体大兵"，日本产业面临必须快速挖掘新民用市场的任务，以产品优势抵消美国的技术优势。这时，卡西欧敏锐地发觉，基于 LSI 的台式机对于家庭用户来说并没有什么价值，但更简单便宜的计算器却可能给生活带来巨大改变。于是卡西欧与日立合作，在 1972 年推出了全球首款电子计算器，随即一炮打响。与美国企业判断未来家庭需要昂贵的 LSI 计算机不同，日本企业观察到日本家庭主妇每天需要大量计算家庭收支，而简单好用的计算器才是真正的刚需。凭借主妇们撑起的这场计算器风暴，日本 IC 产业迎来了市场上的巨大胜利，这也为日本半导体的黄金十年埋下了最后一根引线。

客观回望日本半导体产业发展的初期，会发现这个产业并不是如大众所说的那样，是美国人一手扶植起来的。虽然日本半导体确实利用了美国提供的便利，但同时也遭到了来自美国政府、企业、产业同盟的多方面打压。然而，日本人屡次通过洞察和创新，发现了美国半导体没有发现的市场，并且见招拆招，利用日本的政策、人才、产业联动优势，一次次化解了美国的进攻，找到了突围的机会。总结日本半导体产业的崛起，会发现几个因素至关重要。

（1）回归市场和消费，让市场创新成为驱动主体。

（2）保持技术上的前瞻性，积极与世界接轨，洞察技术方向。

（3）国家积极参与，保持高度的产业协调，并通过产业一体化创建区位优势。

（4）强调劳动力质量和人才教育，用人才优势创造发展空间。

日本半导体一步步从无到有，呈现出美国从 0 到 1，日本从 2 到 3 的奇妙形态。而后，DRAM 的产业机遇成了一个新的撬点，让日本半导体产业迎来了全球夺魁的黄金十年，但溃败的迹象也埋藏其中。

2019 年，日韩骤起贸易争端，日本称可能停止对韩国的半导体原材料供应，一时间，"吃瓜群众"以为将看到两国大战。没想到的是，强悍的韩国半导体很快"怂"了下来，三星"太子"李在榕第一时间飞到东京寻求解决，但碰了一鼻子灰，悻悻而归。在我们的印象里，日本半导体行业不是衰退了吗？怎么还会在贸易争端中给人一击致命的感觉？

事实上，在今天的半导体全球分工中，日本半导体在芯片生产设备、生产原料等领域依旧占据着举足轻重的地位，并且拥有全流程、体系完善、专利覆盖全面的半导体业态。半导体设备之所以能在发展缓慢的日本经济中"一枝独秀"，就是因为在中美科技博弈大背景下，中国加大了对日本半导体设备、原材料、半成品的采购力度，目前中国已经是日本半导体产业的第一大出口市场。而广为国人所知的华为、中芯国际，都是日本半导体设备与原材料的重要买家。甚至在美国宣布对华为进行进一步科技封锁后，传出了中国企业希望与尼康、佳能共同开发光刻机的消息。日本半导体行业在中美芯片博弈中的地位可见一斑。

而所有这些日本半导体产业的区位优势，都可以说是 20 世纪 80 年代——那个日本经济黄金时期，也是日本半导体黄金十年留下的"遗产"。

日本从 20 世纪 60 年代开始，就在 LSI 等领域推行了激进的贸易保护与产业刺激措施，最终培育出索尼、日立等一系列国际顶尖公司。到了 20 世纪 80 年代，日本继续这条产业路线，抓住 DRAM 的技术机遇一飞冲天，超过美国成为全球半导体第一大国。1986 年，日本的半导体产能在全球占比达到 45%；1989 年，日本公司占据了世界存储芯片市场的 53%，而美国仅占 37%；1990 年，全球前 10 的半导体公司中，日本公司就占据了 6 家，NEC、东芝与日立包揽三甲，后来统一了 CPU 市场的英特尔也只能屈居第四。与产业份额、公司地位同样成功的，是当时日本半导体堪称"高质量"的代名词。1980 年，惠普在 16K DRAM 验收测试中发现，日本日立、NEC、富士通三家公司的产品，不良率是惊人的 0，远远好于英特尔、德州仪器、莫斯泰克这美国三强。

20 世纪 80 年代风头无两的日本半导体，可能是中国产业最希望学习和模仿的案例，而这个时代仅仅维持了 10 年，也是国人必须引以为鉴的历史。

20 世纪五六十年代，日本商人更多的是购买美国专利，通过高良品率和低生产成本来打入民用市场。这种模式在美国公司逐渐重视民用市场后，很快就失去了效果。但在半导体市场上积攒了足够的技术、产能与野心的日本企业，开始寻觅更大的机会：在核心市场中，技术领先美国、质量全面占优的机会。

这个机会就是前文讨论过的 DRAM，即动态随机存取存储器（Dynamic Random Access Memory，DRAM）。随着 70 年代后半期，超大规模集成电路的发展，以及存储市场应运而生，DRAM 变成了全球半导体产业的新焦点。存储市场技术门槛不高，但需要制程、工艺上的长期钻研与演进，并且对良品率有较高的要求，这一切都正中长期布局 LSI 技术的日本企业与学、政各界之下怀。

DRAM 很像今天的 5G 和 AI，新的技术创造新的需求，新的需求导致新的机遇。想要改写此前已经确定的产业规则，就不能在别人身后疲于奔命，而是要在新技术变局中迎头赶上，创造身位交错的历史契机。回头来看，会发现 DRAM 的发展就是日本的契机。在 DRAM 产业化初期，1K 的 DRAM 最早在 1970 年于美国完成，日本在 1972 年才研制成功。而 16K DRAM 就变成了美、日在 1976 年同年研制成功。第二年，也就是 1977 年，日本就突破了 64K 的 DRAM 生产，美国却等到 1979 年才研制出来。而 64K 不仅让日本一举赢得了 DRAM 市场的全球占有率桂冠，同时也宣布日本领先美国进入了 VLSI（超大规模集成电路）时代，两强交错就此完成。

在此期间，日本可谓以举国之力，集合了产、学、政各种力量来突破 64K 和 128K DRAM 工艺，并且实现了相关半导体工艺的全面国产化。通过全产业链模式，不再依靠西方上游产业的日本半导体实现了惊人的高良品率，为 20 世纪 80 年代的黄金十年奠定了最重要的产业基础。而日本 NEC、日立、东芝等主要公司也乘势而起，成为全球半导体版图中的顶尖存在。同时，大量日本制造业、化工业，甚至船舶和冶金业公司也纷纷被 DRAM 的庞大蛋糕所吸引，加入了 DRAM 产业链当中。今天日本有千奇百怪的半导体公司，基本都是受到 DRAM 风暴的感召而成立的。

需要注意的是，虽然日本 DRAM 技术表现突出，但在处理器等更高端的半导体产业领域依旧缺乏技术独立性与基础创新能力。日本通产省和日本商人更多瞄准的是利益，而不是底层技术的自主可控。高端芯片依旧牢牢控制在硅谷手中，这也是日本黄金十年背后若隐若现的忧患。

而今看来，中国半导体面对的局势可以说与日本当时有几分相似。美国虽然牢牢控制着产业链上游，但 AI、5G、物联网等新技术的崛起却在带来新的变数和机遇。尤其是物联网芯片，其与通信产业高度相关、低门槛、低成本的特征，非常适合中国半导体产业的发展。或许物联网就是 21 世纪的 DRAM，毕竟大量设备的涌现，很可能给半导体生产系统造成剧烈的底部变化。

理解日本半导体的黄金十年，我们可能需要进行更多的归因。比如 DRAM 是日本的机遇，但日本到底是如何能在核心技术上超越美国，抓住这个机遇的呢？这里有个隐藏的胜负手，就是堪称彼时最成功的产业协同组织的日本 VLSI 研究所，很多日本学者将这一组织定义为半导体黄金十年最大的幕后功臣。

20 世纪 70 年代中期，日本 IC 产业在 LSI 领域赚得盆满钵满，但美国公司强大的研发和底层创造能力始终是太平洋彼岸最强大的敌人。比如 IBM 预计在 1978 年推出采用 VLSI 的新型计算机，如果日本产业链还处在 LSI 的传统产业周期，势必会在半导体贸易自由化背景下被美国公司轻易击垮。

技术竞赛的警钟拉响，团结的日本半导体产业迅速集结起来，开始思考如何应对这场危机。想要与美国公司进行科技竞赛，最大的问题在于，开发 VLSI 需要消耗巨大的产业投入。而此时日本公司的体量与研发能力，对比 IBM 这样的美国巨头还有巨大差距。

既然单打独斗、各自闭门造车无济于事，日本通产省决定祭出日本商人的传统艺能：团结就是力量。组织各公司、大学共同研究突破 VLSI 的技术难题，最终成果各大公司共享，用军团战术来应对美国巨兽的潜在威胁。于是，1976 年日本通产省从所属电子技术综合研究所选拔出一系列半导体专家，由他们牵头组织日本五大计算巨头——富士通、NEC、日立、东芝和三菱电机，共同打造了"VLSI 研究所"。这个组织的目的在于超越美国，制造出最先进的 VLSI 存储芯片。之前我们说过，日本在 DRAM 上连连赶超美国，就是 VLSI 研究所造就的半导体奇迹。从 1976 年到 1980 年，VLSI 研究所总共消耗研究资金 737 亿日元，其中五巨头出资 446 亿日元，日本政府以向成员企业提供免息贷款形式补助 291 亿日元，此后相关投入从专利收入和 DRAM 的市场回报中得到了有效回收。并且 VLSI 研究所虽然到 1980 年宣布结束，但这种多家企业、大学、政府组成专项研究所的模式却得到了继承。20 世纪 80 年代日本能够成为全球半导体第一，很大程度依赖于研究所模式能够有效建立基础研究底座、避免重复劳动、集中研究经费，从而让日本半导体具备清晰的产业方向与较高的发展速度。

VLSI 研究所模式成功消解了日本公司相对弱小，无法集中力量攻克研发难关的问题。并且这个模式规定了只开发基础技术，不涉及半导体产品的研发，从而保证了日本几大公司可以在享用共同开发技术之后，在产品阶段继续保持竞争、开发市场，在一致对外与保持内部竞争间达成了相对的平衡。

通过 VLSI 研究所模式，日本一举在 DRAM 基础技术上超越了美国，从而导致此后一系列产业格局的改写。相比而言，美国在 20 世纪 70 年代出现了明显的经济滞胀，科技企业缺乏创新的动力与支持。而集中力量干大事的日本看准了美国公司的停滞，一举冲垮了根深蒂固的半导体防线。从某种意义上说，在 5G 等技术上，今天的美国同样出现了创新力不足、研发投入放缓的现象，那么今天的中国又该如何抓住这个机会呢？或许这是中国半导体产业，乃至社会各界需要更深层思考的话题。

回顾历史，会发现 VLSI 研究所模式的优缺点是相当明显的，其分摊成本、集中力量突破基础研究的方式当然值得借鉴；然而其没有改变商业模式与产业链模式，让日本各企业依旧独立发展，缺乏上下游搭建，也客观上培养日本几大企业都成了大而全的产业体态，缺乏灵活多元的模块化特征。这也为后续日本半导体的衰落埋下了隐忧。

到了 20 世纪 80 年代，随着 VLSI 技术以及 DRAM 产品的成功，大量日本半导体产品与日本公司走向了美国。大量日本公司在美国建立子公司、合资公司，以及收购美国半导体产业。至此，日本半导体走向了耀眼的盛世。

如果从长期的角度看，VLSI 研究所模式到底是成功了还是失败了？这个问题可能颇具争议。毕竟其滋养出全产业链模式的日本公司，也确实在 20 世纪 90 年代一败涂地，给日本半导体产业扣上了缺乏变通、举国体制的种种帽子。但换个角度看，VLSI 研究所更像是日本在特殊情况下没有选择的选择。如果不这样做，日本半导体将无法触及核心科技，势必被掉头走向民用且资源强大的美国公司席卷一空。另外，VLSI 研究所虽然没有长期确保日本半导体的领先地位，但却给日本半导体留下了后路。前面我们所说的日本能够通过光刻胶等几个"小玩意"制裁韩国，背后都有 VLSI 研究所留下的影响。

20 世纪 70 年代中后期，日本的半导体设备与原材料同样主要依靠从欧洲、美国进口。但在 VLSI 研究所逐步推进的过程中，日本半导体产业开始在通产省的有意引导下，以 DRAM 作为商业契机，推动本土半导体生产设备与生产材料快速发展。在政府高度补贴、几大公司拿出真金白银进行产业合作的背景下，VLSI 研究所孵化了多种多样的半导体上游企业。比如在 VLSI 的资助下，日本企业开发了各种类型的电子束曝光装置、干式腐蚀装置等制造半导体关键设备。在 VLSI 研究所的引导下，光学领域、印刷领域、化工领域的日本公司，以各自擅长的方式，在产业链上游切入了半导体行业。我们最近热议的佳能、尼康的光刻机生产能力，就是在这一阶段得到了 VLSI 研究所的大力培养，甚至一度领先全球。

毕竟半导体产业具有极高的门槛，内部体系精密、技术秘诀众多。一家非半导体公司想要进入产业上游，缺乏技术、信息、市场规则上的沟通很难成功。而 VLSI 研究所却以半官方半产业的方式，给这些公司提供了沟通半导体行业，拿到订单与资金支持，发挥自身特长，加入产业链的机会。最终，VLSI 研究所变成了一次国民行动，培养起来的半导体生产设备与原材料公司也将产品输送到了国际。在这个竞争相对较弱，适合慢工出细活的产业周期里，日本企业相对来说更加如鱼得水。即使 20 世纪 90 年代日本半导体全线败落，大量由 VLSI 研究所孵化的上游公司依旧确保了日本在全球产业链中的优势地位。今天，日本是最大的半导体原材料出口国，拥有全球非常少见的全产业链能力，或许也是 VLSI 研究所或有心或无意，给日本半导体工业留下的"退路"。

VLSI 研究所模式也体现了美国与日本在国家扶持半导体方面极大的不同。彼时，美国的扶持方式主要是通过政府和军方订单来催生半导体产业发展。而日本通产省则更多是通过多方面的资源调配与产业合作，瞄准民用市场机遇，进行有组织、有竞争的产业协调与帮扶。日本半导体的黄金十年已经远去，但其所面临形势与发展模式，却与今天的中国有非常多的相似之处。从那段历史里，也能整

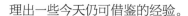

理出一些今天仍可借鉴的经验。

1. 半导体突围，必须依靠底层技术和核心产业发展

VLSI 研究所模式的初衷，就是打破日本半导体擅于制造、不擅创新的瓶颈。通过对底层技术的突破，尤其是对上游产业的大力发展，日本确实完成了美国重压下的翻盘。并且在半导体上游的布局，直接影响了日本半导体如今的身位，成为国际贸易中的一把"利剑"。直面艰难且充满困境的底层技术、核心产业，可能才是半导体博弈永恒的重心。

2. 积极展开产学研政沟通，求得最有效的产业效率

无论是 VLSI 研究所的成功，还是后来美国牵头打造全球半导体协作体系，都证明了半导体不可能是一家公司勇往直前，而必须建立在有效的平台模式、协作机制、模块化分工之上。产业协作、专家监督的另一重意义在于，可以有效克服急于求成、外行领导内行，或者盲目跟风、轻率投资、项目造假等情况的发生。这点在中国尤其需要注意。

3. 找到变数，并且合理驱动变数放大

客观来说，日本半导体产业在 20 世纪七八十年代，确实完成了"弯道超车"。日本半导体没有选择核心处理器这种高难度应用，而是瞄准了 DRAM 这种难度较低、市场广阔的应用场景。在发展半导体产业的过程中，清晰合理的预判，以及对变化的预估，甚至推动变化发生都是非常重要的。我们或许没必要砸下天文数字去搞高性能 CPU，或者难度极大的光刻制程工艺，但可以从新市场、新需求出发，去抢占先机，然后平衡以往的产业劣势。在芯片博弈中，需要洞若观火的预见能力，芯片需求和芯片市场本身的变化，就是冲垮半导体枷锁的战局所在。让核心攻坚和未来发展保持方向一致，才是冲出封锁的正道。

一系列正确的选择，让日本半导体坐上了全球第一的宝座，但接下来的局势却更加复杂。日本产业链、公司甚至社会舆论的错误认识，以及众多"形势比人强"的不得已因素，最终导致日本很快又丢掉了努力数十年的成果。

伴随着日本经济泡沫的破裂，富士山上闪耀 10 年的芯片之光，竟然就此成了绝响。

11 从芯片战争到日本败落

DRAM 曾经是日本半导体称雄全球的最好见证。而在 2000 年，NEC 和日立两大日本半导体巨头的 DRAM 部门宣布合并，成立了新公司 Elpida。2003 年，Elpida 合并了三菱电机的记忆体部门，日本五强中，三强的 DRAM 部门都留在了这家新公司。

Elpida 于 2012 年宣告破产，日本半导体在 DRAM 领域最后的"残军"彻底败北。至此，这个支撑了日本半导体辉煌 10 年的产业全线告负，DRAM 的生产中心彻底迁往韩国。同年，著名硅岛九州的半导体企业只剩下 209 家，仅为最高峰的四分之一左右。如果说 20 世纪 80 年代是日本半导体灯火璀璨的 10 年，那么 20 世纪 90 年代则应了盛极必衰的说法，日本半导体仅用 10 年全线崩盘，逐渐成为原材料供应商，似乎再也回不到舞台中央。

日本半导体的溃败似乎是必然，但也存在着诸多偶然，其结果与美国的铁腕制裁直接相关，但也处处展现着日本人给自己埋下的祸端。这场美日半导体争端，也是全球范围内第一次被冠以"芯片战争"之名的国家贸易战。或许可以说，我们今天还生活在那场对垒的余波里，却又踏上了一场类似的征途。

进入美国围剿日本半导体的那段历史前，或许有必要讨论另一个话题：日本半导体产业溃败的内因。如果说，20 世纪六七十年代的日本半导体企业是团结、坚韧、专精的代名词，那么来到 20 世纪 80 年代中后期，已经成为庞然大物的半导体巨头，则开始如其他成功的日本企业一样走向僵化、封闭和缺乏变通。也许类似《菊与刀》的文化解码在这里也能回答一些问题，日本匠人精神很容易成为一种差异化动力，但匠人走向极致就是不知回转、极端自我。

这一点落在半导体产业，最佳代表就是日本企业风行的 IDM 模式。所谓 IDM 模式，是指从半导体材料、设备，到中游设计、制造，再到封装、检测等全部自己完成的"半导体"生产一条龙模式。由于日本大型制造企业奉行一切自己做，尽量拓展产业领域，不与他人分利的传统商业原则，日立、NEC、东芝等大企业在半导体产业上全部都是标准的 IDM 模式，就连著名的 VLSI 研究所也是只攻坚基础技术，技术共享后，几家企业又回到各自封闭的状态里。

客观来说，这种模式在需要发展规模化产业、提高良品率的产业周期中非常有效，也促成了日本的成功。但在半导体产业越来越复杂、市场快速转变、生产成本不断升高的产业周期中，一条龙模式就难以为继了。

日本半导体企业的特征，是在结构稳定中产生高效率、低成本。而如果发生技术快速迭代、产品高速变化，这样难以调整方向的稳定结构就成了过不去弯道的大车。同时也该客观看到，半导体的成功让日本公司与政府缺乏调整商业、生产模式的兴趣。企业管理者沉浸在辉煌的历史中难以自拔，断然没有拆解业务线、在全球寻找合作伙伴的动力与动机。而与日本匠人精神、一条龙模式对应的，是全球化分工的半导体产业链正在崛起。这种模式认为，一家公司或者一个区位，可以只负责半导体产业的某个微小环节。这样成本小、压力轻，并且可以灵活调整以适应全球订单的水涨船高。中国台湾地区的台积电就是这个思路的最佳代表，台积电本身不设计芯片，而是给全球厂商做芯片代工。这样芯片研发巨头不用再照看体系庞大的工厂，而工厂可以专心加工并提升工艺，不用管芯片研发领域的纷扰。

代工模式和半导体生产流程的分拆，另一个作用是打造了全球化的半导体产业链。各个国家与地区可以发挥自身独特的地缘优势、企业优势，找到最适合自身的产业切入点。借助全球化的东风，半导体产业链的成本被压缩到最低，迭代效率空前提高。这些都是单一化日本企业难以复制和模仿的。

"全球化绞肉机"对日本半导体模式的打击，最有代表性的案例就是尼康与ASML 的光刻机之战。虽然今天光刻机已经完全是 ASML 的天下，但直到 21 世纪初，尼康依旧占据着全球超过 50% 的市场份额。然而，尼康押注发展了自身所擅长的"干式微影"技术，在 ASML 选择的光刻技术面前丧失了成本与技术优势。并且 ASML 搭建了模块化和标准化的外包模式，利用全球产业链生产出高精度、高吞吐量的光刻机产品。

由此，台积电、三星、英特尔等几大尼康客户相继倒戈，成了 ASML 的客户。而且 ASML 的利润共享方式也远比日本公司灵活，先后让几家大客户入股。以股权为依托，大客户与 ASML 之间形成了坚固的利益共同体。这对于视股权如珍宝的日本公司来说简直难以想象。

芯片市场有两个核心规律，一是技术选择必须精准，否则一步错步步错，很可能产生无法逆转的颓势；二是大多数环节都是寡头游戏，失去核心客户就等于丧失市场。墨守成规、不知变通、看不到变化的尼康从王座上跌下的姿态，似乎也是日本半导体的缩影。当垂直分工、全球化产业链成为半导体产业的通行证，日本企业也就只能一步步退回缺少竞争、技术门槛更高的原材料与小型生产设备等前端领域，成为全球产业链既重要，又缺乏存在感的一部分。

但我们可能还要换个角度看待日本半导体的这段往事：日本半导体企业的 IDM 模式留下的可能不仅是教训，还有众多技术、产品、人才遗产。如果逆全球化不可阻止，中国半导体产业不得已要发展 IDM 模式的话，是不是能从日本半导体的"遗骸"中获取更多呢？

内因说过了，让我们回到那场极其惨烈的"芯片战争"本身。

前文说过，早在 20 世纪 70 年代，美日之间已经爆发了针对半导体产业的贸易摩擦，并且美国出现了将贸易问题政治化的倾向。而随着日本半导体产业全面崛起，来自美国的压力也水涨船高。太阳底下没有新鲜事，这场全盘由美国发起的贸易战，与今天的众多景象何其一致？

20 世纪 70 年代末，受到日本半导体直接竞争的美国企业家成了率先吹响贸易战号角的人。"硅谷市长"、仙童半导体和英特尔的创始人罗伯特·诺伊斯在领导美国半导体行业协会时，积极游说各方政客，推动将日本半导体问题上升到政治层面进行解决。经过努力，美国将本土半导体行业的税率大幅降低，但还没有到发动贸易战的程度。1985 年，已经致力于联合起来对抗日本多年的美国半导体行业协会，决定发动一项如今我们已经很熟悉的"指控"：日本半导体公司威胁到了美国的国家安全。

此后，美国借助美日《广场协议》的西风开启了全面芯片战争，强迫日本签署了两次《日美半导体协议》，把蓬勃发展的日本半导体产业扼杀在了全盛阶段。事实上，在全面发动贸易战之前，美国也优先对日本几大半导体公司进行了这样或那样的制裁，并借机在国内大肆宣传日本威胁论，制造对立情绪和民众恐慌。一切都是那么相似对不对？

首先是向日立和三菱开刀的"IBM 间谍案"。1981 年 11 月，日立公司派遣林贤治到美国，搜集美国公司的最新技术动向。在 FBI 的有意安排下，林贤治认识了 FBI 探员假扮的"IBM 高级经理"。在一段时间的接触后，林贤治提出了要购买 IBM 技术信息，于是被预谋已久的 FBI 抓了个现行。差不多同一时间，三菱公司的木村也落入了相同的圈套。这两起商业间谍案在美国大肆发酵，被媒体形容为"新珍珠港事件"。此后，日立、三菱接受了美国旷日持久的调查与商业监督，并且在国内背负了巨大骂名。

如果说商业间谍案在很大程度上是日本公司本身的问题，那么更著名的"东芝案"就有几分牵强了。20 世纪 80 年代初，东芝受到了克格勃（全称为苏联国家安全委员会）间谍的误导，把数控机床卖给了苏联。东芝以为这只是一件面向欧洲的民用交易，结果却让苏联核潜艇技术得到了提升。这在"冷战"背景下可是"十恶不赦"，东芝两名职员被逮捕，东芝会长、社长先后引咎辞职，日本媒体高呼要东芝谢罪，称其为"日本之耻"。随后美国也对东芝进行了长期的出口禁令和商业审查。然而回头看看这件事，会发现东芝很难发现这是一桩军事交易，并且日本通产省也批准了相关出口文件。但美国不管，毕竟解释只在可以解释的时候才存在。

虽然东芝的封锁不因半导体而起，但商业审查和出口禁令带给日本半导体巨头以严重打击，美国又拔除了一颗半导体产业的眼中钉。这件事的一幕是一些美国议员义愤填膺地在白宫门口用斧子砸毁东芝产品（图 2-11-1），大骂东芝和日本人准备毁灭美国。种种妖魔化的手法，都与今天如出一辙。

1984 年开始，随着美国在 256K DRAM 上一溃千里，日本企业获得绝对优势。美国对日本的半导体贸易战也开始发动。美国指责日本半导体在美国倾销，并且认为美国半导体无法进入日本市场是因为不公正的市场规则。

图 2-11-1　美国议员在白宫门口用斧子砸毁东芝产品

我们可以总结一下美国发动芯片战争的方法论。

（1）你们窃取了知识产权。

（2）你们给我们不喜欢的国家供货。

（3）你们倾销且贸易保护。

（4）你们威胁了美国国家安全。

（5）你们是妖魔。

……

一切都那么似曾相识。

对于日本来说，可能确实没有不接受美国贸易制裁的最后一道铠甲。而且美国悍然将贸易问题上升到国家政治层面，并且对盟友发动全球制裁，这在那个时代都是首次。错愕的日本可能根本没有想到会变成美国公敌，这或许也是今天与当年最大的不同之处了。

1985 年 9 月，《广场协议》的签订让美国成功动用政治手段强迫日元升值，并且逼迫日本加大对美国的进口量。而在重新制定的贸易规则里，日本半导体成了美国炮火的直接覆盖对象。1986 年，日美首次签订了《日美半导体协议》（图 2-11-2）。其中要求日本打开半导体市场，美国半导体要在日本市场占据 20% 以上的份额；严禁日本半导体以低价在美国或其他国家市场倾销，售价需要通过美国核算成本才可定价出售；命令禁止富士通收购仙童半导体公司。

总之，这个协议的宗旨就是日本必须买美国的半导体产品，而日本想卖半导体要美国定价。而且美国还以立法的形式，明确了随时可以向自己认为贸易不公平的国家进行全面报复。

但在《日美半导体协议》中，最困难的部分是美国产品要占日本市场的20%以上。当时的美国产品在日本毫无竞争力，并且引导市场购买美国产品需要时间——当然，日本商界肯定也是能拖就拖。但是美国政府在占便宜的时候一贯很着急，仅仅过了几个月，美国就召开紧急会议，抗议《日美半导体协议》没有奏效，要求日本答复。随后，又有美国公司举证日本企业在香港低价销售半导体产品。其实举证的是协议前的产品，但美国政府和美国公司显然在这时都没有时间概念。于是在《日美半导体协议》达成还不到半年的1987年4月，美国就将日本彩电、半导体产品关税提高到了100%。

图 2-11-2　日美签订《日美半导体协议》

到了1987年11月，美国取消了一部分报复措施。随后日美协商要在1992年将美国半导体在日本市场份额提升到20%，并且日本对倾销嫌疑负责到底，实行自查。这一年，美日逆差进一步扩大，美国发现美国半导体产品在日本的份额并未提升，于是又进行了贸易报复，对日本 3 亿美元的电子设备产品征收 100% 的惩罚性关税。1989 年，美国又迫使日本签订《日美半导体保障协议》，规定开放日本半导体产业的知识产权和专利。到 1991 年，日本统计称美国半导体份额已经达到 22%，但美国依旧认为不足 20%，于是美国再次强迫日本签订了半导体协议。

1993 年，美国的半导体全球份额反超了日本，美日半导体争锋进入了新的阶段。即使已经赢回第一，美国依旧没有准备放过日本，而是在第二次协议即将到期后准备签署第三次协议，继续给日本半导体放血。1996 年 6 月，美日在华盛顿进行谈判。但这次日本聪明了许多，威胁称如果谈判破裂就联合欧盟，推动半导体贸易自由化。当时逐渐壮大的欧盟也站在了日本这边，加上全球半导体形式已经改变，日本擅长的 DRAM 市场萎缩，并且美国半导体在日本市场已经超过 30%。多重动机下，美国最终放过了日本，没有签署第三次协议。而日本半导体已经走向了不可逆的衰退。

这场改变了日美半导体产业格局，乃至世界半导体走向的横跨 10 年的谈判与协议，其中有太多东西值得咀嚼。尤其它告诉我们这样一个道理：奉之弥繁，侵之愈急。

内部企业僵化，外部战场失利，二者当然可以视作日本半导体落败的主要因素。但同时也该看到，日本半导体这个几十年积累的庞然大物会突然失速，是一系列原因最终堆叠出的结果。

让我们抽取几个时代背景，来看看日本半导体为何会后继乏力。

20 世纪 80 年代末，随着日本经济腾飞，房地产和金融市场一飞冲天，早先 VLSI 研究所时代巨额资金投入半导体研发的盛况不复存在，大量资本、人才、民众注意力转向了房地产和金融证券。这样"纸醉金迷"的发展方式确实剥夺了日本企业的研发力量，尤其高素质人才被金融地产行业吸收，造成了日本半导体产业的"老龄化"。内部僵化，外战乏力，与缺少年轻人才有直接关系。

而 90 年代日本经济泡沫破裂，毫无疑问让半导体的资金和人才困局雪上加霜。本就难以为继的日本经济，更不会把钱和人投到被美国盯死的半导体行业。反观美国，在苏联解体后驱动了大量的国家工程来关注半导体创新和数字化工程。资本和市场的信心史无前例地高涨，国际资本大量流向美国，造成半导体产业基础力量的强弱分化明显。

日本的另一个软肋，是综合环境严重依赖美国。1989 年，美国一项民意测试显示，有 68% 的美国人认为日本是最大的敌人，甚至认为日本比苏联更可怕。在这样的民意基础与舆论氛围下，日本半导体行业很难获得日本大众的支持，反而经常被拉出来当作向美国谢罪的替罪羊。军事上严重依赖美国，也让日本在半导体纠纷中难以拿出有效的反击措施和谈判底线，因为任何谈判都不可能以结束美日同盟作为代价。所以日本在进行对美国半导体谈判时，无法反击，无法做出利益交换，无法坚守某种立场，他们能做的就是拖。于是几次《日美半导体协议》都是在最后一秒才达成，堪称谈判史上的奇景。

另外，美国扶植韩国和中国台湾，也成为当时吞噬日本产业优势的利剑。大量亚裔因为美国的仇日情绪受到不公正对待而回到亚洲，后来成了三星与台积电的主力军。说到这里还要插一句，今天美国的排华情绪，势必造成可观的亚裔人才回流，这或许也是必须抓住的战略空间。

日本半导体还有一个显著的特点，就是举国体制留下的弊病。日本半导体习惯于专家领导、国家和产业联盟选定方向，缺乏来自底层和市场的创造力。缺乏自由创新土壤的日本半导体，永远是大公司利益第一位，硅谷车库里那种天才式的创新很难实现。并且在 VLSI 模式尝到甜头之后，民众和投资者也开始信赖这种"全力一击"的模式，希望永远能精准地毕其功于一役，缺乏对多元化市场与底层创新的洞见。

这导致悄然生长起来、看上去没那么重要的机会成了颠覆日本半导体帝国的最终砝码，或许可以说，美国压倒日本半导体的武器不是航母，而是 PC。

当时代想要抛弃你的时候，连声招呼都不打。回想一下，看起来可怕的议员砸东芝事件发生在 20 世纪 80 年代初，而日本半导体的辉煌刚刚开始。《日美半导体协议》后，日本半导体公司也没有伤筋动骨，甚至很多下游美国公司受到了更大的打击。真正压死骆驼的是时代的稻草——硅谷的车库又一次被点亮了，PC 问世，信息革命和互联网时代正式开始。而专注于匠人精神的日本半导体，在这个舞台显得茫然无措。

倒退回历史现场，可能郁郁不平准备破釜沉舟的日本半导体公司，或者来势汹汹的美国商人，都没想到自己争执的 DRAM 产业会在几年后自行跌落尘埃。日本半导体崛起所依靠的 DRAM，是以大型计算机为产品依托的，要求 DRAM 产品高质量、高可靠，毕竟每台大型计算机价格都不菲，支撑的是国计民生或者军事设备。然而 PC 兴起之后，家用计算机所需的内存特点是便宜、轻便、有市场竞争力。不习惯产品快速迭代，更讨厌自身产品很快被淘汰的日本半导体厂商非常不适应。导致转型迟缓，迟迟打不开局面，于是给了三星弯道超车的机会。

PC 和互联网带给半导体产业更重要的变化不是 DRAM，而是作为 PC 设备核心的 CPU。看到了未来发展趋势的美国企业，已经在这场史无前例的信息革命中走向了 CPU、操作系统、网络设备。就像好不容易达成半导体协议之后，受到协议保护的英特尔却没有趁势反击日本 DRAM 市场，而是毅然选择退出 DRAM 拥抱 CPU，就此造就了另一段传奇，以及我们今天依旧使用的计算世界。反观日本企业，却因为与 DRAM 绑定得太死，只能苦苦支撑，最后以 Elpida 破产的悲剧草草收场。

这个漫长的故事讲完，让我们也来给日本半导体王朝的倾塌总结几段"经验"。

（1）产业业态墨守成规，不知变通和创造，基本意味着死路一条。在 IC 产业全球化的背景下，产业链合作、生态化创新，甚至跨行业合作的效率远大于一家公司单打独斗。分工生产和轻制造模式，是半导体产业成本分摊、实现价值最优的必然选择。而在今天，则出现了将半导体产能分摊到不同技术领域里、构筑大量产业使用同一个半导体系统的趋势。这是新的变轨，更加值得注意。

（2）全球化是人类发展的共同红利，谁抛弃全球化就会跌入风险，这一点在今天的中美科技博弈中同样重要。20 世纪 90 年代初的日本半导体，变成了一个没有朋友的产业。欧洲、韩国、中国台湾地区都从日本的衰落中分到了蛋糕，美国更不必提。而中国半导体的崛起和突围，必须是除了美国都能分到蛋糕，甚至大量美国公司、美国产业工人也能从中受惠的事，只有如此才有未来可言。大量树敌会让劣势叠加劣势，局面难以扭转。

（3）跟不上新技术是最大的危险。在 PC 崛起的时代里，英特尔用日本最擅长的民用市场干掉了日本。而如何准确预判民用趋势和技术发展方向非常重要，就美日半导体冲突而言，美国发挥了长期占据核心技术的优势，在此基础上培养出了市场创造力。

（4）外部环境非常重要。在日美芯片战争里，日本似乎从开始就注定了要输。军事、财政、外交都掌握在美国手中，日本半导体其实只有马上屈服和拖一拖再屈服两个选择。半导体是综合国力的突显，同时也坐落于综合国力之中。

此后，日本在 CPU、GPU、移动芯片等一系列关键战役中一再失去主动权。悄然间来到了今天，日本半导体产业的根本犹在，但却还在艰难探索机器人、物联网、自动驾驶等芯片的再次崛起之路。而随着日本半导体的衰落，美国大力扶持韩国半导体崛起，成为肢解日本半导体的核心力量。三星的旗帜冉冉升起，但那又是另一个故事了。

12 "大头儿子"模式下的韩国半导体

在中美围绕芯片问题产生诸多纷争的时候，有不少人将目光投向了中国的东亚近邻——韩国三星。韩国是全球半导体设备的第二大生产国，三星更是亚太地区唯一一个拥有设计、制造和封测一体化 IDM 体系的厂商。

韩国半导体产业的开端一般被认为是 1959 年，韩国金星社（LG 公司的前身）研制并生产出韩国第一台真空收音机，当时的韩国连自主生产真空管的能力都没有。而中国的南京无线电厂早在 1953 年就生产出了电子管收音机，并大量投放到市场。起步比中国更晚的韩国半导体产业，究竟是什么时候变强的？

除了历史积淀之外，韩国半导体产业的发展也面临多方掣肘。从靠"抱美国大腿"崛起，到 2019 年被日本进行上游原材料制裁，独立自主层面也存在不少隐忧。

韩国硅晶圆厂商 MEMC 韩国第二工厂竣工仪式上，时任韩国总统文在寅出席并说了这样一番话：以韩国半导体产业的竞争力，若有稳定的关键零部件、新材料、技术装备供应加持，任谁都无法撼动。其中所表达出的自豪与遗憾，正交织出今日韩国半导体的荣耀与厄境。而这一切，早在韩国进入全球半导体舞台之时，就早已注定。

简单来说，韩国半导体产业的发展经历了四个阶段。

第一阶段是 1965—1973 年，韩国作为美日企业海外生产基地的低端装配工厂时期；第二阶段是 1974—1982 年，韩国国内开启向垂直一体化 IDM 生产，从设计到芯片封装全流程制造的转移时期；第三阶段是 1983—2012 年，超大规模集成电路 DRAM 开发生产时期；第四阶段是 2012 年至今，多元新业务的发展时期。

韩国半导体是如何从工业化初期阶段开始逐步锤炼出自身的竞争优势的？不少业内人士已经有过很多分析，本书则试图从产业结构的角度，来尝试描绘韩国半导体产业的整体态势。

"大头儿子"现象指的是在某些历史阶段，附加值低的中低端制造占比远高于高技术含量的高端制造，而民营制造的发展远低于国营集团等，产业结构不合理、不均衡的现象。在韩国半导体的产业发展进程中，"大头儿子"现象既是成功崛起的秘诀，也是被掣肘的软肋。

从积极的一面来看，"大头儿子"至少为韩国半导体的崛起起到了三重价值。

1. 奠定基础，占据身位

正如前面所说，韩国半导体产业发力较晚、技术积累不足。与此同时，半导体产业要求的技术门槛又非常高，往往需要几年甚至数十年的技术积累才能实现本质突破。而韩国半导体产业能从一片荒芜，成长为继美日之后的半导体第三大国，正是中低端的"大头产业效应"所带来的原始积累。

20 世纪 60 年代中期到 70 年代，美国的仙童半导体（Fairchild）和摩托罗拉（Motorola）等公司开始在海外投资低价劳动力国家，来降低自身的生产成本。韩国作为"飞地"，就成为进口元器件组装的承载国之一。随后，日本企业三洋（Sanyo）和东芝（Toshiba）也将组装业务交给韩国。最夸张的时候，韩国制造的90% 的产品都是用于出口的。

不过，尽管当时韩国半导体企业只能从事简单的晶体管和集成电路组装，所依赖的材料和生产设备都必须进口，却为后续的产业发展打开了一扇窗。在外部世界市场环境变化以及国内经济受到威胁的 70 年代，半导体产业成了韩国崛起的强力引擎。

1973 年，不甘于永远做代工的韩国发布了"重工业促进计划"（HCI 促进计划），1975 年又公布了扶持半导体产业的六年计划，准备实现电子配件及半导体生产的本土化。

具体的操作模式就是，从引进技术和从事硬件的生产、加工及服务开始，对相关技术进行消化吸收，然后研发一些技术等级简单的芯片，逐步提升自主创新能力，最终掌握高端核心技术。

比如，三星就从美国美光科技公司进口了 3000 个 64K DRAM 芯片，在韩国进行装配，并购买 64K DRAM 芯片设计的许可；现代公司与德州仪器公司签订代工协议，为其组装 64K 和 256K DRAM，积累经验；LG 公司于 1984 年从美国美光科技公司等获得芯片设计技术许可，并与 AT&T 公司的西部电子公司建立合资企业……

从中低端制造扎实前行，循序渐进地引进技术，这些都为韩国后来的产业质变打下了基础。

2. 聚拢资源，重拳出击

据市场调查机构 TrendForce（集邦咨询）统计，目前全球存储市场中，韩国三星电子市占率全球最高，达到 43.5%，海力士居第二名，占比 29.2%。新冠肺炎疫情期间，三星和海力士的停工，还曾被指可能影响全球存储芯片供应，进而造成价格上涨。

韩国厂商拿下了 DRAM 市场的话语权，显然与"大头儿子"模式、集中力量办大事的产业逻辑分不开。

1983 年，韩国三星、金星社以及现代公司纷纷开始转型，投入大规模集成电路的生产中，从装备制造转型到精密的 DRAM 存储器加工。

三星发表了《半导体事业新投资计划》；现代设立了现代电子公司，进入半导体产业，后改名为海力士半导体，被 SK 集团收购；LG 集团则在 1987 年向存储领域发展。

财团们集中资源出击，政府也在此时给予了头部企业强力支持。比如将大型的航空、钢铁等巨头企业私有化，分配给大财团，并向大财团提供"特惠"措施。组织"官民一体"的 DRAM 共同开发项目，韩国电子通信研究所 KIST 联合三星、LG、现代与韩国 6 所大学，集中人才、资金，一起对 4M DRAM 进行技术攻关，政府承担了 1.1 亿美元研发费用的 57% 之多。此后 16M 和 64M DRAM 的研究开发，科研投入约 8000 万美元，其中政府投资占 83%。

《经济学人》曾在一篇 1995 年发表的文章中写道，韩国让庞大的资源集中于少数财团，从而快速进入资本密集型的 DRAM 生产，并克服了生产初期巨大的财务损失。

政府与财团们的强强联合，让内部研发能力和外部技术资源得以快速整合，形成了韩国产业在核心基础技术上（韩国称为源泉技术）的自主开发能力，奠定了其在半导体产业上的优势。

3. 乘胜追击，克敌制胜

韩国的"大头儿子"模式，通过"逆周期投资"，迫使 DRAM 领域的多数竞争企业走向负债破产，创造了令世人瞩目的商业奇迹。一方面，韩国政府为企业提供优惠贷款、贸易行政、设备投资等多方面的支持，促进大企业形成规模经济和国际竞争力，得以通过"价格战"来争夺市场。有数据显示，1984—1986 年，内存卡价格从每张 4 美元暴跌至每张 30 美分，而三星内存卡的生产成本是每张 1.3 美元，也就是说，每卖出一张内存卡便亏损 1 美元。与之相比，日本就显得有些谨小慎微，纷纷大幅减产。逆周期投资的赌徒行为，让韩国厂商成功扩大了自己在 DRAM 市场的份额。

通过主动发起"价格战"，韩国成功清除了一大批竞争对手。加上日本经济泡沫等不可抗力因素，韩国不断赶超，日本半导体厂商相继退出 DRAM 市场。最终三星在 1992 年开发出世界第一个 64M DRAM，超过日本企业日电 NEC 成为世界第一大 DRAM 厂商。

2008 年全球金融危机，DRAM 价格暴跌，又让三星抓住机会，将上一年的全部利润用于扩大产能，"血洗"DRAM 市场，德国厂商奇梦达随即破产，日本尔必达也元气大伤，最终被美国美光收购。至此，全球 DRAM 领域的巨头只剩下三星、海力士和美光。韩国企业正式从日本手中拿过了 DRAM 的权柄。

在 DRAM 战役中，韩国厂商的胜利固然与经济形势、历史机遇不无关系，但政府对三星这类财团的大力支持，显然起到了重要的"托底"作用，韩国厂商才得以在市场低迷时期，依然敢于疯狂加码、逆势投资。

低端起家、财阀领头、政府打辅助，这些形成了韩国半导体产业的历史特色。其中，有些对中国半导体产业有极大的借鉴意义，所导致的一些现实问题也值得我们警醒与思考。

其一，二者所面临的历史任务都是摆脱进口依赖，完成产业转型。

其二，二者赶上了特殊的历史机遇，在新技术背景下重新定位市场意味着无限前景。韩国与日本在半导体行业的竞争中，主要围绕抢夺 DRAM 产品研发与市场份额展开。今天，中国所面对的半导体市场局势，显然是在摩尔定律趋向失效的背景下，寻求多元网络、智能技术、泛终端设备之间的最精准市场定位，从中寻找到消费端产品的突破机遇，或将改变半导体市场的基本盘。

其三，二者都需要尽力规避国际局势的不确定因素，但面对阻碍也能奋力出击。韩国半导体在布局之初，一直试图避免与美国发生摩擦，但产业崛起必然会引发竞争者的忌惮。韩国厂商进入 DRAM 市场时，国际贸易法规和知识产权保护条例就提出了限制，美国公司控告韩国 DRAM 厂商倾销，致使美国贸易协会派人来韩国调查。中国半导体产业在动荡的国际局势间，除了迎风前行，别无选择。

当然，半导体行业发展至今，靠政府牵头、倾举国之力推动某个半导体环节发展的时代已经一去不复返。由市场所主导的行业竞争，就需要企业从多方面考虑，才能寻找到突破的机会，来赢得市场的青睐。所以，在回溯历史的时候，我们也必须对一些无法复制的成功予以扬弃，保留那些历久弥新的经验教训。

从韩国半导体的上位中，会发现几个至关重要的保障。

1. 长久持续的产业政策

从 20 世纪 70 年代鼓励企业创新的 HCI 振兴计划，到 80 年代解决 1M 至 64M 的 DRAM 芯片核心基础技术的《超大规模集成电路技术共同开发计划》，再到韩国进入第一梯队后的"BK21"及"BK21+"等人才／技术计划，以及 21 世纪为了强化竞争优势，所推出的《新一代半导体基础技术开发项目》《半导体设计人才培育项目》、2016 年"半导体希望基金"、2018 年半导体研发国家政策计划……

在历史上，韩国政府也曾遇到过因国际局势冲突而改变政策的情况。比如 20 世纪 80 年代初期韩国对美国的贸易从逆差转为顺差，就引发了美国要求韩国取消对特别产业的优惠政策、开放市场等要求；内部政权更迭期间，为了确保高新技术产业和大型企业的发展，也允许韩国企业从海外金融机构融资。

可以说，在不同的国际局势和产业环境中，即使韩国已经成为半导体强国，政府也一直在用政策和资金引领着产业发展的大方向，是名副其实的掌舵人。一以贯之的政策扶持与国家意志，成为韩国半导体企业能够不断发展、持续稳定投入的前提。

2. 独立自主的产业目标

如果说早些时候韩国半导体的中高低端产业结构还存在"大头儿子"问题，那么发展到后期，韩国基本已经形成了一体化、全产业链发展的模式。这种局面的出现，与韩国一开始就专注于独立自主的研发不无关系。

1974 年，三星收购了韩国（Hankook）半导体公司 50% 的股份，并于 1977 年成为独立的三星半导体公司，具备了晶体管、电子手表用芯片等非存储器产品的一体化生产能力。1982 年，韩国政府也出台了国内半导体产业扶持计划，要求国内民用消费电子产品需求和生产设备完成进口替代，实现完整的国内自给自足的目标。在产业制度原则上不鼓励合资政策，防止太依赖国外的技术。

国产化替代的目标，让韩国半导体内需市场进入成长期，也鼓励了许多企业进入半导体产业，通过将设计、制造、加工、封装、运输等每个环节都精细分工，从而建构起了完整的产业链条。

比如以三星电子和海力士为龙头，背后有两万多家大中小型配套企业，数量

庞大的企业涌现，催生出了龙仁、水原、华城、利川等多个半导体产业城市群，也确保了韩国半导体的快速发展。

3. 内外夹攻的人才网罗

"半导体产业最后都是人才的战争"。要保持技术快速发展、更新甚至弯道超车，人才的储备与引进就至关重要了。

韩国在半导体研发中，从 20 世纪开始就充分利用了与旅美科学家、工程师的联系，从他们那里拿到了专利授权乃至产业情报，快速获得了技术发展所需的显性与隐性知识。政府提供住宅、汽车、高薪等优厚待遇吸引在海外获得学位的人才，许多曾在欧美国家留学的韩国学子也陆续回国，进入国立研究机关，以及三星、海力士这些半导体大企业。21 世纪甚至还试图与日本半导体产业握手言和，搞共同研发。

除了加强外部合作，韩国在国内人才培养上，从 1999 年就通过"BK21"计划，对 580 所大学或研究所发起了专项支持，由此掀起了一场半导体专业热，后来为半导体企业输送了大批技术人才。

当然，目前中国面临的人才困境更加急迫，依靠海外并购、合作、引入人才的方式难度也日益加大。比如福建宏芯投资基金收购德国芯片制造商爱思强公司的许可，就被德国经济部撤回，美国仙童也迫于 CFIUS 压力拒绝华润微电子和北京清芯华创的联合收购要约等。在这种局面下，推动产学研融合，向更底层人才培养体系中渗透，或许需要拿出十年树人的决心与耐心。

"集中力量办大事"让韩国半导体快速集结力量，开始腾飞。国家财富和产业升级的未来都集中在几十家财阀手中。韩国最初涉足 DRAM 生产的，就是韩国最大的四个财阀（三星、现代、大宇、金星）。这些由国家支持发展起来的大型私营企业，也像一个韩国经济里的"大头儿子"，不停地吸附着社会资源与政治资源。

财阀对韩国经济的作用，已经从产业崛起的良药，变成了政府的"头号心病"。问题大概出现在三个方面。

1. 尾大不掉，产业资源配置失衡

越是成绩突出、国家需要的企业，越容易获得韩国政府的支持与正向激励，

而一般的中小企业如果难以亮眼地创新就与政策支持无缘。这既让企业充分竞争，也反过来加速了资本、资源的集中，导致了财阀的诞生。

财阀实力越来越大，开始反向影响政治与政策，政府的调控能力减小。在制定半导体政策时，政府往往需要依赖财阀们遍布世界的情报网，依照他们精心筛选的情报做出决策。

随着市场的稳固，财阀掌握了大量的经济资源，新兴企业的业务如果对现有的财阀带来威胁，财阀便会通过自己庞大的势力逼其退出；一些利润良好的新领域，财阀也会进去分一杯羹，抢夺创业企业的生存空间；很多低效率的财阀子公司背负着极高的债务，却能依靠着集团的资源优势继续生存……这些情况严重损害了市场的"择优"资源配置，也失去了公平竞争的价值，不仅限制了韩国半导体领域的增长与活力，也增大了财阀巨头的风险。

1997 年亚洲金融危机爆发，背负着巨额债务的韩国财阀居然也如同泥人一样轰然倒塌，三星集团不得不出售了众多其他业务才保住了三星电子。

2. 社会断层，人才缺口后继无力

20 世纪，许多精英人才被韩国财阀们网罗，使政府也不得不听取他们的意见。最后导致在市场选择、产业布局等重要战略决策中，韩国政府都无法干预财阀的选择。

对于现在贫富差距、社会断层的韩国来说，想要进入三星、现代、LG 这样的财阀企业，也是难如登天。首先需要考入韩国 SKY（韩国最著名三所大学的英文首字母缩写，分别是首尔大学、高丽大学、延世大学），每年招生竞争都十分激烈。即便如此，毕业后能进入财阀企业的年轻人也是少之又少。

在庞大的经济压力下，韩国的人口出生率也开始呈断崖式下跌，甚至被牛津大学人口学教授大卫·科尔曼视为"第一个因人口减少而从地球上消失的国家"，自然也难以满足半导体产业的高质量人才缺口。

3. 利益驱动的单一结构

与日本举国体制攻关基础科研的方式不同，韩国的产业突围主要是在国家保护之下，企业通过购买专利授权、从海外引进技术等方式实现的，这让韩国半导

体产业在市场规模和商业化应用上得以迅速攻占市场，但也使其在上游产业链、基础技术等领域长期处于不平衡的状态。

比如 1983 年，三星在京畿道器兴地区建成首个芯片厂。为了在 DRAM 上赶超，首先就是向遇到资金问题的美光（Micron）公司购买 64K DRAM 技术，而加工工艺则是从日本夏普公司拿到的，还取得了其"互补金属氧化物半导体工艺"的许可协议。

这标志着韩国从 LSI 技术到尖端的 VLSI 技术的重大飞跃，居然全部建立在外国技术的基础上。站在巨人肩膀上确实能够快速出位，但也很容易被赶超。实际上，20 世纪 90 年代末以前，韩国企业基本都是以 DRAM 为中心的同质型竞争，产业结构单一。

极端地依赖外国进口半导体设备和原材料，让韩国与日本在基础研究领域的差距难以在一年时间内就快速追平。2019 年的日本原材料制裁，暴露了韩国半导体产业不是依靠自己力量发展起来的重大问题。而韩国政府启动了"半导体材料的国产化"政策之后，"财阀经济"又进一步阻碍了韩国半导体的创新以及变革。财阀们表示，本国的材料是好，但是不经济实惠，还是应该保持与日本的合作关系。尽管他们认识到依赖日本供应商的风险，但却不愿等待国内供应商发展。

如果说曾经的韩国与今天的中国有许多相似之处，那么比对方更快更高地迎接新产业周期，或许是时代给中国半导体产业最好的馈赠。从韩国半导体财阀的经验中，我们可以重新认识中国的优势与挑战。

1. 勇者不畏

今天，提到国际形势之于中国半导体产业的困境，大家时常会沉浸在悲观情绪之中。

但换个角度来看，中国半导体产业反而能在新的技术趋势下建立自身优势，能够以更坚定的信心与更轻盈的姿态来推动独立自主的产业国产化。如果说美国向"one world two systems"（一个世界，两套系统）发展的割裂行为会长期持续，那么比起自怨自艾，从当下开始走出自己的第一步，岂不是更好？就连依赖程度高的韩国，也有不少企业在森田化学工业公司恢复出口之后，依然坚持转向国内替代产品。韩国总统文在寅的首席政策秘书金相祖也曾对媒体表示："有一天，我们的材料产业将会发展，我们可以说，'谢谢安倍先生！'。"制裁固然惨烈，但长期看来也是大力扶持国产半导体、主动进行产业升级、构筑全体系能力的重大转折点。

2. 智者不惑

从韩国半导体发展的历史潮流中，不难看到科技研发穿越"死亡谷"、科技产品商品化的成功率，对产业增长与国际竞争力来说至关重要。

而与美国、德国等发达国家相比，中国的科技成果转化率仅为 10% 左右，远低于发达国家 40% 的水平。响应国家号召，各地政府半导体基金纷纷出台，效果却不尽如人意。背后的原因，一方面来自科学家们对成果和专利更重视，研发课题脱离现实效用，导致科技成果转化率低下；另一部分来自拿到政府投资的企业，在随时跟进政策变化，疲于寻求上市谋利等商业利益变现，而忽略了技术研发的深度。而校企之间的合作也面临着机制不健全、参与深度不足、实际效果无法转化为应用的局面。

从这个角度来看，建立真正意义上的产学研体系，对于从根基处升级的中国半导体产业来说，已经刻不容缓。

3. 仁者无忧

韩国财阀经济的前车之鉴也提醒我们，政府与企业之间需要保持一个合理的平衡。

过多的扶持和保护不利于企业适应激烈的国际竞争环境，最终妨碍高科技产业的发展；但在产业发展过程中，国家的干预和领导作用对于产业结构的形成、技术创新的推动、社会效益的兼顾等，起到了不可忽视的调控作用。

在金融、税收等方面为企业创造宽松的外部环境，鼓励经营自主与市场竞争，同时从宏观角度未雨绸缪、建立完整可靠的独立自主产业链，已经被韩国证明是半导体产业的最佳发展途径。

著名经济学家奥尔森就在《国家的兴衰》一书中写道：强势利益集团对于国家总体实力之衰落有着不可推卸的责任，而强势利益集团的逐利行为必然会损害公众福利，增加社会成本，导致制度僵化，从而既损害了社会效率也伤害了社会公正。

韩国可能也没有想到，自己孵化出的巨人这么快就走向了余晖之中。

⑬　中国台湾地区半导体的先行探索

尽管我们已经无法穿越回过去，亲身揭开半导体发展过程中的每一个细节，但从今日之产业现状，追溯曾经的历程，或许是一个可行的方法。目前，日本半导体在消费领域大势已去，韩国半导体除了财阀巨头应者寥寥，而起步最晚的中国台湾地区，在产业上中下游都有企业盘踞，甚至相比韩日厂商更具影响力，如今更成功反超英特尔，这也成为半导体产业由西向东迁移时，独特的观察样本。

那么说到中国台湾地区的半导体产业，当下最为大家所熟知的一定离不开以下三个特征：

（1）代工模式。中国台湾地区半导体产业的实力位列世界前列，而其中最强的板块无疑就是芯片代工。从1996年的集成电路封装制造，到1987年介入专业代工制造，如今在这一领域，能排进全球十强的中国台湾企业就有4家之多，除了台积电，还有联电、力晶、世界先进等，成为全球半导体的一极。

（2）全产业链。代工实力名列前茅，并不意味着其他产业板块寂寂无名。实际上，中国台湾地区半导体企业从上游的集成电路设计、中游的晶圆生产、下游的封装和测试，以及设备、材料全领域都有布局，联发科（联发科技股份有限公司）、台积电（台湾积体电路制造股份有限公司）、联电（联华电子股份有限公司）、日月光（日月光集团）、联咏（联咏科技股份有限公司）、瑞昱（瑞昱半导体）等企业迅速发展，也带动了整个电子工业的兴盛，成为中国台湾地区的"稻米产业"。

（3）政企协作。中国台湾地区经济以中小企业为主，抗风险能力较低，因此中国台湾地区形成了官僚与民间企业之间特殊的合作方式，在经济转型时期强力推动，坚持民营化，促进企业在竞争中发展，让中国台湾地区后来者居上，一度成为全球 IC 产业最发达的地区之一。

代工制造，乍听起来并不是一个好主意。韩国从早期给美日厂商做低端加工起步，就一直试图向 IDM 模式（Integrated Device Manufacture，集成器件制造）进发，切入更具利润潜力的上游设计环节。同样是代工，为什么台湾模式能够成功融入全球产业链？

一方面是历史原因。1966 年，美国通用仪器公司在高雄设厂，开启了中国台湾地区集成电路封装技术发展。随后，德州仪器公司、飞利浦建元电子公司等也到台湾设厂。但这些都停留在封装阶段，在台湾的美日厂商只愿意授权封测技术，不提供核心设计的支持，而中国台湾地区又没有韩国财阀那样的资金实力，融资和抗压能力都无法保证向上游延伸。

另一方面则是因为，台积电开创的代工厂模式实在太成功了，引发了岛内许多企业效仿复制，所以中国台湾地区积极将代工产业链延伸到岛内，错开了与美日强国的竞争，从而迅速获得专利授权，形成规模优势，靠代工站稳了脚跟。

往前追溯，会发现中国台湾地区能诞生产业垂直分工模式并非偶然。1977 年10 月，工业技术研究院（以下简称工研院）打造了中国台湾地区的首座集成电路示范工厂，采用 7.5 微米制程，开发出的与生产工序匹配的标准单元库大幅提高了产品良率，在营运的第 6 个月已经高达 7 成，超过了技术转移母厂 RCA 公司。察觉到这一产业分工的变化趋势，工研院在 1980 年决定以衍生公司的方式，设立中国台湾地区第一间半导体制造公司联华电子，将所有产品线技术（包括音乐 IC、电子拨号器、计算机 IC 以及电话 IC）以低价授权生产的方式全部转移给联电，使其在拥有研发能力之前就可以进行生产。联电旗下也衍生出了许多分支机构，如芯片设计领域的联发科（MTK）、面板驱动 IC 的联咏等。

同时，不断游说旅美 IC 专家张忠谋加入（图 2-13-1），对方提出了一种专业代工模式来运营规划中的 6 英寸晶圆 VLSI（超大规模集成电路）实验工厂。1987年，中国科学院电子学研究所（以下简称电子所）与飞利浦合作成立台积电，张忠谋任董事长，后来并称"晶圆双雄"的联电与台积电就此集结。

图 2-13-1　1986 年，宣布台积电成立的张忠谋

　　"联家军"是多点开花，台积电则打定主意只做芯片制造。今天看来，二者都为中国台湾地区半导体产业的崛起起到了奠基作用，可在当时，后者的出现委实有些尴尬。

　　要知道，"对标硅谷"直到今天都是电子工业长盛不衰的准则之一，创立之初，投资人总会问创始人张忠谋一个问题——如何跟英特尔竞争？张忠谋表示，"台积电和他们不存在竞争，这是一个新的模式，我们甚至会合作"。居然在硅谷没有效仿的成功案例？投资人听完反而更害怕了。

　　事实证明，台积电开创的 Foundry（代工厂）模式和 IP（专利）授权模式，彻底改变了世界半导体产业的版图。当时，英特尔公司正积极寻求海外代工，通过关系渠道以及生产工艺改进，台积电获得了英特尔的部分代工订单，迅速成为世界晶圆代工的龙头，1992 年营业收入达 66 亿美元，一度超过了联电。专业代工模式也以一种新分工形态在中国台湾地区落地生根。

　　今天看来，台积电的成功是内外合力的结果。外部，手机的发展需要将特定的工作交给专用芯片解决，而不是一块处理器打天下，所以，北美涌现出一批新兴的半导体公司，如博通、英伟达、迈威科技等。芯片设计公司越来越丰富的产品，对外部晶圆生产线有极强的需求，高通、博通甚至苹果都需要将制造交给更具规模优势和专业的晶圆制造厂，这成为台积电崛起的重要机会。

　　英伟达 CEO 黄仁勋甚至半开玩笑地说："如果等我自己建厂生产 GPU 图形

处理器芯片，我现在可能就是一个守着几千万美元的公司，做个安逸的 CEO"。

中国台湾半导体的代工厂模式，与美日产业模式有明显的不同，模式差异也是其在全球半导体产业占据重要地位的原因。

而在内部，台积电始终坚持"技术领军者"策略，对芯片制造商坚持高额的资本投入，以保持台积电在制造技术上的领先优势。即使是互联网泡沫破灭的 2001 年，互联网公司和计算机公司批量倒闭，台积电利润暴跌，张忠谋还坚持加码，将晶圆厂的研发支出上升到净利润的 80%。台积电的巨额投入，让芯片设计厂商不再需要花费资金自己投资建设生产线，降低了设计环节的门槛，也降低了产品研发失败的风险，台积电也成了大多数公司的选择。

随后，台积电又在代工制造的基础上，提出了"虚拟晶圆厂"的概念，让客户能随时掌握晶圆制造进度，从而争取到了整合元件厂商的订单，从单纯的代工演变成了一个结合制造及服务的科技公司。

美国加州北部的圣克拉拉山谷，因为仙童、英特尔、惠普、苹果等半导体巨头的汇聚，成为全球工业企业向往的对象。而在众多复制版的硅谷里，中国台湾新竹科学园区被称为"亚洲硅谷"，复制出了中国台湾地区半导体的产业群落。也让中国台湾地区半导体从以下游封装业为重心，可以持续向更高附加值的晶圆代工、集成电路设计业等中上游迈进。

2003 年，中国台湾地区的代工、封装、测试行业市场占有率达到世界第一，分别为 70.8%、36.0%、44.5%，集成电路设计市场占有率也位列世界第二名。而新竹科学园区就成为关键的"技术交通枢纽"，也是全球半导体制造业最密集的地方之一。"竹科"的出现，一开始并没有什么特别，1976 年，中国台湾地区开始以硅谷为范本，规划半导体科学园区。仿照斯坦福、伯克利等名校与产业集群合作的模式，将园区设置在了与台湾清华大学、台湾工研院、台湾交通大学等比邻而居的新竹。这里汇聚了集成电路、计算机及周边、通信、光电、精密机械、生物技术六大产业，成为中国台湾地区的高科技基地。同时也是人才的虹吸器，新竹甚至流传着"招牌掉下来就会砸到一个博士"的笑话。

园区的设立与产业的群聚是两码事，真正推动"竹科"崛起的，是来自市场的人才激荡。

1983—1997年，海外人才以平均42%的增速回到中国台湾地区，毗邻的众多大学和研究机构，也为新竹园区培养了一大批储备人才。因此，尽管新竹科学园区成立时是以吸引跨国高科技为初衷，但后来却发展为中国台湾地区自己的集成电路厂商集聚群落，而非跨国公司的子公司扎堆。1987年，杨丁元博士带领一批电子所工程师离开电子所创建了华邦电子，进入了芯片设计领域；传统产业巨头华隆集团从电子所和联电中吸纳人才，创立了华隆微电子，主攻消费产品集成电路；硅谷回流的创业军团，比如宏碁计算机与德州仪器公司合资的德基半导体、旺宏电子、威盛电子、民生科技等，在新竹附近开设了大量的集成电路PC主机板与外设设备工厂。

如果说中国台湾地区半导体产业有什么隐忧的话，那就是除了台积电，大部分都是中小型企业，面对三星电子、美光这样的巨头时，往往处于下风。但独木不成林，通过工业园区的聚合效应，让企业可以在"螺蛳壳里做道场"，产业上中下游体系几乎全部聚集在相邻的地理区域里，从某个企业单纯的代工模式到产业链全环节分布，形成联合生产群。

这种群落之间的相互竞争、紧密合作、人才流动等，形成了"竹科"资讯与技术快速交流、培育市场竞争优势的土壤。就像是一个虚拟大公司，随时可以将旗下的各个"部门单位"整合起来，投入各自擅长和专精的领域，用更高效率的方式来完成协作，从而壮大了整体产业的实力，形成弹性高、速度快、定制化、低成本的竞争壁垒。

此外，垂直分工与产业群聚，形成了中国台湾地区与全球半导体产业结构区隔开来的地域特色。而这两大优势的形成，都或多或少有着政策推动的影子。20世纪70年代初，中国台湾地区为发展集成电路投入1000万美元的启动基金，两个推动性的组织先后成立：比如召集海外华人在美国成立的科技顾问委员会，就在当时招致非议，被认为其中有利益输送。时任经济部部长的孙运璿是个连半导体是什么都不懂的文职官僚，财经官员李国鼎被问及"什么是半导体"时，他回答不知道，并认为就是因为不懂，才要设立科技顾问委员，最终获得了认可。

图 2-13-2　1976 年，中国台湾工研院派员赴美国 RCA 训练

再如技术与产业的"孵化器"工研院。1974 年，中国台湾地区效仿美国硅谷产学研模式建立电子工业研究中心，即工研院的前身。由政府组织了一系列新技术的研发。此后，1975—1979 年从美国 RCA 公司引进 7.0 微米 CMOS 设计制造技术（图 2-13-2）、1983—1987 年超大集成电路计划的 1 ~ 1.5 微米制造与封测技术、1990 年启动的第三次大型半导体技术发展计划等，工研院实现技术研发、引进、生产之后，再转让给民间其他企业，直接提升了中国台湾地区的整体技术水平。在资本层面，开设政府开发基金，鼓励宏大风险基金等民间投资参与。并且注重对众多中小企业技术能力的培育，而不是过度强调少数大企业技术能力的提升。

官方力量启动，向民间产业进行技术转移，进而由民间力量促进产业链延伸，技术的社会扩散效应成为中国台湾地区半导体发展的有效模式。政策的制定者要提前做出准确的判断，制定出正确的产业政策是极为困难的。中国台湾地区的经济专家瞿宛文在《台湾战后经济发展的源起：后进发展的为何与如何》中认为，中国台湾地区的转型成功很大程度归功于当时的财经官员。

中国大陆企业与中国台湾地区半导体产业链早已被链接成了共同体，而在当前的国际局势下，如何突破美国技术封锁，对于两岸产业都是一个具有时代意义的课题。

目前来看，中国台湾地区半导体的崛起是地区经济发展与下游需求匹配的结果。从 20 世纪 60 年代的微处理器、存储器等主流产品，到 90 年代 SoC 系统级芯片全产业链的出现，再到 21 世纪智能手机对多元化芯片的诉求，未来物联网、人工智能等机遇也将成为中国台湾地区集成电路产业发展创新的新商机。

而对于中国大陆来说，避免与英特尔、AMD、高通等巨头正面对抗，不过度纠结于追求制程技术的极限，发展那些应用多元智慧的物联产品，并不需要用到最尖端的制程技术，微纳米等级就可以拓展新应用。比如浸润式微影技术就绕过了达到瓶颈的 157nm 光刻技术，借助水做中介，用 193nm 波长的光线实现了 65nm 制程的芯片生产。这不仅更符合大陆产业的现状，也是合乎技术生命周期的时机选择。

此外，中国台湾地区的战略选择，创新性的商业模式起到了关键的作用。比如抓住产业链纵向延伸的时机，把生产低成本和与美国硅谷人才互动密切的优势结合起来，快速提升自己的技术能力和水平，在"垂直整合"中争得国际分工的位置，并最终实现赶超。

如果中国大陆将在 5G、人工智能 AI、云端服务上的领先优势，借助更"接地气"的互联网生态系军团，充分释放到终端消费应用当中，由此撬动的硬件市场与生态系统，未尝不会发掘出更大的商业潜力。

《彭博商业周刊》曾这样形容中国台湾地区的半导体产业——在全球半导体产业的地位无可取代，如同中东石油在全球经济中的角色。随着祖国统一与科技自立的大势所趋，台湾半导体的全球区位优势必然成为中国科技紧密且不可分割的组成部分。

未来如何，拭目以待。

第三章

公司征伐

无论意义多么特殊，归根结底芯片还是一种商品，那么它的创新、发展和竞争主体也只能是公司。而隐藏在芯片之中的超高技术门槛和高昂利润，又让这个产业的竞争格外激烈和残酷。

在购买计算机、手机这些硬件设备的时候，我们都会看看其中的 CPU、GPU 品牌，这时大部分人会意识到两点：一是这些品牌非常重要，直接关乎产品的优劣；二是品牌的可选择性很少，往往只有两三种选项。这些"常识"，就是无数公司在旷日持久的残酷竞争后留给世界的印记。

公司之间的"征伐"，可以说是芯片历史上最核心的部分。其间留下了无数江湖八卦，又孕育着科技创新与产业发展所需要的智慧。

我们能够使用手机、计算机，能够在液晶屏幕上看剧，能够与远方的家人联系，都是依靠这些公司和它们汇聚成的芯片产业。其中有一些企业，甚至凭一己之力推动了信息世界的发展，最终化身传奇。

用这些故事映照当下，或许能让我们预想到，如果有中国公司走向芯片之巅，需要踏过一条怎样的路。

14 硅谷"摩西"肖克利

在《圣经·旧约》中，以色列先知摩西奉上帝之命，率领被奴役的以色列人逃离埃及，前往那美妙富饶的应许之地迦南。而摩西自己却只能在即将到达目的地之时，远远望了一眼后，便溘然而逝。

图 3-14-1　威廉·肖克利（1910—1989）

这一宿命在被称为"晶体管之父"的威廉·肖克利身上重演（图 3-14-1）。1956 年，声誉正隆的肖克利离开就职 20 年的贝尔实验室，回到位于加州圣克拉拉谷的出生地，创办了肖克利半导体实验室。随后依靠自己在半导体领域的影响力，肖克利重回美国东海岸，成功为自己的实验室招到 8 位电子领域的青年才俊，准备在加州旧金山湾区这一片当时还布满果园的土地上干一番"改变世界"的事业。

然而仅仅不到 2 年的时间里，肖克利糟糕的管理能力和让人难以忍受的傲慢性格，使最初一起创业的年轻人们集体"叛逃"。肖克利只能在震怒之后接受了创业的失败，最终回到斯坦福大学任教，放弃了成为百万富翁的商业梦想。

威廉·肖克利，因为其非凡的商业眼光，成就了硅谷，也被誉为"硅谷第一人"；又因为其拙劣的商业能力，成了"硅谷的第一弃儿"。肖克利犹如具有神力的摩西一般，劈开红海，将半导体的薪火从美国东部带到了还在初兴阶段的加州西海岸，然而自己却没能真正"踏入"自己的应许之地。

尽管肖克利的半导体实验室并没有在半导体产业的发展中留下过任何关键性成果，但是肖克利所开创的事业却开创了硅谷半导体产业模式的许多项先河，仍然值得被我们记录。

20世纪50年代中期，由于晶体管生产工艺依赖大量人工，导致成本较高，晶体管产业还处在初兴之时。

当时只有少数公司可以制造和生产晶体管，贝尔实验室仍然以点接触和结型晶体三极管为主，RCA在此基础上改良为金属结型晶体管，又成功研制出了硅晶体管和MOS管。美国的西方电气、摩托罗拉，开始以扩散工艺制造晶体管。日本的索尼发明了隧道二极管，后面美国通用电气还成为隧道二极管的最大生产商。

值得一提的是，德州仪器在1954年发布了第一个可以量产的结型硅管，具有了锗管所不具备的耐高温、散热好的诸多特性，成为美国军用和航天领域最主要的硅管供应商。同年，德州仪器推出了第一款便携式的晶体管收音机Regency TR-1，一下子卖出了10万多台。正是这一产品让许多普通人第一次感受到了晶体管变革性的技术魅力。1954年到1956年，美国市场上共出售了1700万个锗晶体管和1100万个硅晶体管，价值5500万美元。而同期真空管销售了13亿个，市场份额超过10亿美元。

也正是在这一时期，肖克利带着想要终结真空管时代的决心，选择了回乡创业。肖克利之所以会回到自己的出生地加利福尼亚州创业，除了有陪伴年迈母亲的考虑外，更主要的是北加州建立起以斯坦福大学为中心的新兴科技产业基地。良好的产业基础和斯坦福的人才成为肖克利回乡创业的主要考量因素。

当时在斯坦福大学工学院院长弗雷德里克·特曼的推动下，斯坦福建立了全世界第一个围绕大学而建的高科技产业园区，吸纳了众多高科技企业在此落地。也正是在特曼的力邀和帮助下，肖克利才能够将实验室设在圣克拉拉谷。值得一提的是，1939年，在特曼的支持下，他的两个学生比尔·休利特与戴维·帕卡德创立了Hewlett-Packard，也就是大名鼎鼎的惠普公司。

尽管声名在外，但是肖克利并没有太好的资源。在创业之初，肖克利先后去拜访了德州仪器、洛克菲勒、雷神等公司，试图筹集 50 万美元来建立一个晶体管生产企业，而这些企业纷纷拒绝。一方面因为这些企业自己就在生产晶体管，另一方面，当时的美国企业也没有商业风险投资的理念。就在一筹莫展之际，肖克利大学时的好友，当时已创立贝克曼仪器公司的阿尔诺德·贝克曼决定施以援手，出资 30 万美元帮助肖克利创业。

在肖克利实验室组建团队时，他也没能拉来任何一位在贝尔实验室工作过的同事，因此他才在学术期刊上以公开招聘的形式从东部的名牌大学招募毕业生。因为其晶体管发明人的声誉，吸引了大批有志青年的报名，也由于肖克利提出相当了苛刻的招募条件，使肖克利最终挑选出来的 8 个年轻人此后都成为半导体领域的精英人物。

创业之初，肖克利抓住了晶体管产业的最好时机，有斯坦福的创业支持，有好友的"天使"投资，有年富力强又才华出众的博士团队，几乎开局就拿到了一手好牌，却让他自己打了个稀烂。

这一切与肖克利个人的性格特征和商业能力有莫大的关系。从肖克利的生平来看，他有着科研和技术发明方面的卓越才能，也毫不掩饰想在商业领域获得成功的野心。年轻时，肖克利就已经透露出要通过自己的才华来获取财富，成为百万富翁的想法。这些特质可能既源于肖克利热爱挑战又爱出风头的性格特质，也得益于他所处的成长环境。

肖克利出生在美国的知识阶层家庭，父亲是一名采矿工程师，母亲是第一批从斯坦福大学毕业的女大学生之一，充满学术氛围的家庭让幼时的肖克利对科技产生了浓厚的兴趣。而在青少年时代，1925 年父亲过世之后，肖克利举家搬到洛杉矶好莱坞附近，见识到了当时工业进步所带来的朝气蓬勃的商业氛围，又塑造了他张扬、好胜的性格特点。

在陆续就读加州理工学院和麻省理工学院期间，肖克利也以"爱出风头"出名。这一风格还延续到了在贝尔实验室工作期间，曾经有一次在新泽西的高速公路上，肖克利因为非法持枪被警察关押，后来由贝尔实验室出面才得以保释。

张扬的个性并没有阻碍肖克利在科研上的才华，他还曾在"二战"期间构思过世界上第一个核反应堆。因为肖克利在军队研究部门的巨大贡献，战后他还获得了一枚特殊贡献勋章。战后，在贝尔实验室担任固体物理研究小组组长时，由于肖克利未能亲身参与到布拉顿和巴丁的点接触晶体管的发明，无缘拿到晶体管发明专利的署名权，这让他大为恼火。此后肖克利凭一己之力，钻研出更先进的结型晶体管，使晶体管规模生产成为可能。

肖克利的科研才华可能更加助长了他的张扬个性。1947 年，在与布拉顿和巴丁共同研制出晶体管之后，他们的合作也没有继续下去。据说在肖克利的不断打压排挤下，布拉顿最终去了其他研究组，而巴丁离开贝尔实验室去了伊利诺伊大学物理系。尽管在 1956 年，肖克利和巴丁、布拉顿三人因为晶体管的发明共同荣获诺贝尔物理学奖，但这一荣耀事实上却被肖克利一人独享。

也许是因为这场实验室内部的嫌隙内讧，肖克利在贝尔实验室一直没能得到升迁重用，也许是因为晶体管的发明专利属于贝尔实验室，他个人并不能获得足够的回报，心有不满的肖克利选择了辞职创业。听闻肖克利有创业的想法，弗雷德里克·特曼第一时间专门邀请他回到老家，在离斯坦福大学 5 千米的圣安东尼奥街 391 号创办"肖克利半导体实验室"（图 3-14-2）。

图 3-14-2　肖克利半导体实验室原貌

但是，肖克利半导体实验室成立仅仅一年之后，当明星创始人的光环褪去，肖克利在产品策略和团队管理上的表现，完全可以用"一地鸡毛"来形容。

由于肖克利在半导体研究方向上的独断专行和在研究过程中"事无巨细"的关注，团队在他所坚持的四层半导体材料的二极管的研制上迟迟没有成果，而团队成员建议的集成电路的制造思路则被他轻易否定，就这样遗憾错失了整个半导体产业的未来。

而在企业的经营管理能力上，肖克利被形容为"废物"。肖克利对这些年轻人，可以说是用"处处提防"来对待。据说有一次，他的秘书在实验室划破了手指，肖克利却认为是有人故意搞阴谋，要让全体成员接受测谎仪的测试。

这8位曾经慕名而来的意气风发的天才，最终因为无法忍受肖克利这种自以为是的管理风格，在1957年集体辞职出走，这让肖克利愤怒不已，称他们为"八叛逆"。但此后，本该痛定思痛的肖克利却变本加厉地采取了更严密的控制手段，在一系列匪夷所思的操作后，迫使大批员工离职，纷纷投入竞争对手的公司。终于到了1960年，肖克利只能接受自己的失败，将肖克利半导体实验室卖给了克莱维特实验室，此后又在1963年退出团队，回到斯坦福大学任教。后来，肖克利半导体实验室又经过转卖，于1968年永久关闭。

肖克利用他的才华吸引来第一批人才，点燃了"硅谷之火"，又因为自己的自负，亲手葬送了自己的商业梦想，却在不经意间将这些"硅谷之火"散播开来，成就了此后的"硅谷神话"。

肖克利半导体实验室的失败，表面来看很容易归结为肖克利本人的性格缺陷和拙劣的商业管理能力，但更重要的是当时还没有成熟的产业条件。

尽管当时还处在晶体管产业初兴之时，机会遍地，但是像今天这样以风险投资为主的创业模式还未出现。当时像半导体这样的新科技产业主要由诸如德州仪器这样的老牌科技企业来推动，而像贝尔实验室这样具有长期研究计划和资源实力的研发机构，才能支撑起长期且投入巨大的新科技产品的研究计划。

肖克利是肖克利半导体实验室的唯一创始人，这使他的个人专断没有人能够制约。而从经验来看，大多数成功的初创公司都得益于至少两个合伙人之间的优势互补和坦诚合作。在一个没有共同决策、没有职业经理人和专业商业顾问的团队里，仅凭一群技术人才是难以取得商业上的成功的。

所以，对于像肖克利半导体实验室这样的初创公司来说，没有多少可以模仿的参考样本，而它自身的失败则成为此后硅谷企业最好的借鉴样本。

但是肖克利的失败，并不能抹杀他推动半导体产业的"创世"之功。正是他的努力，才将硅晶体管带到了北加利福尼亚州，使这一片被称为"果脯之谷"的地区有了"硅谷"之名。也正是他的失败，将他一手打造的技术团队推向了更广阔的领地，成就了仙童和由此诞生的上百家芯片企业。他开创的这种"硅谷创业"的模式，激励了此后的几代创业者，也成就了今天的硅谷。

随着肖克利半导体实验室的落幕，我们将把目光投向硅谷的传奇——仙童半导体公司和被肖克利称为"八叛逆"的天才团队。

15 "八叛逆"的"硅谷模式"

很多人将仙童半导体公司的成立视作硅谷诞生的标志，仙童谱系（图3-15-1）。肖克利把"硅"带到了北加利福尼亚州，也把第一批"点燃硅谷之火"的人才带到了这里。又因为肖克利的创业失败，这些被他称作"八叛逆"的年轻人勇敢出走并自立门户，亲手创办了奠定硅谷文化的仙童半导体公司。

仙童之于硅谷的意义在于它的开创性。仙童是第一家由风险投资方式创立并成功发展的硅谷公司，也是第一家向大部分员工发放股权的公司，还是第一家坚持以技术创新来谋求发展的科技公司。仙童为此后的硅谷输出了大量人才，造就了像 AMD、英特尔等一批星光熠熠的半导体企业；同时，仙童的创业模式、运营模式，成为此后硅谷公司一再被模仿和复制的硅谷样本，点燃了整个硅谷创业的燎原之势。

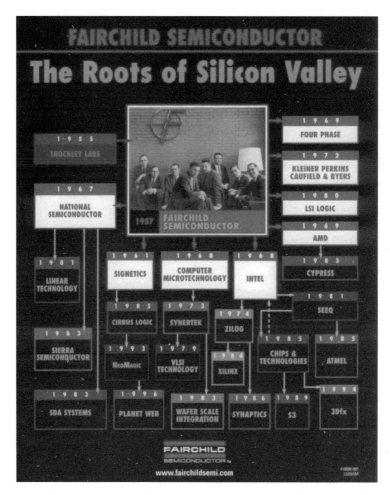

图 3-15-1　仙童谱系

回顾仙童的创业传奇，能够给今天我们寻求半导体产业突围，提供一份产业初兴现场的真实竞争环境和产业成长经验。

1957 年 9 月 18 日，这个被《纽约时报》称为人类历史上 10 个最重要的日子之一的一天里，罗伯特·诺伊斯连同其他 7 位肖克利半导体实验室的同事集体向肖克利递上了辞职信。

肖克利为此大发雷霆，将这 8 个年轻人痛斥为忘恩负义的"八叛逆"。从此，"八叛逆"的名号成为硅谷传奇的一部分，"叛逆"也作为硅谷文化被一代代传承。这"八叛逆"分别是：罗伯特·诺依斯（Robert Noyce）、戈登·摩尔

（Gordon Moore）、朱利亚斯·布兰克（Julius Blank）、尤金·克莱尔（Eugene Kleiner）、金·赫尔尼（Jean Hoerni）、杰·拉斯特（Jay Last）、谢尔顿·罗伯茨（Sheldon Roberts）和维克多·格里尼克（Victor Grinich）。此后这些名字也和硅谷紧密相关。

这8个人当中，作为实际领导者的诺伊斯其实是最后一个做出"叛逃"决定的。一开始其他7个人决定"叛逃"肖克利实验室之后，克莱纳将一封投资计划书寄到纽约的海登斯通投资银行。幸运的是，这封信交到了银行员工亚瑟·洛克的手里（图 3-15-2）。亚瑟·洛克敏锐地意识到了信中的机遇，他说服老板巴德·科伊尔，一起飞到旧金山和这些年轻人碰面。

图 3-15-2 亚瑟·洛克，美国风险投资之父

当两位银行家表示他们应该自己开一家公司之后，询问谁能成为他们的领导，这7个人不约而同地想到了诺伊斯，众人最后选出罗伯茨去和诺伊斯深谈，经过一夜深聊，罗伯茨说服了诺伊斯加入他们，第二天再次去见这两位银行家。

第二次的会面非常顺利，两位银行家为8位反叛者打动，决定为他们建立公司筹措资金。由于还没有正式协议，亚瑟·洛克拿出 10 张崭新的一美元钞票，让每个人都在华盛顿头像的周围签上名字，这份"一美元协议"也成为硅谷传奇的一部分（图 3-15-3）。

Courtesy of Special Collections, Stanford University Libraries

图 3-15-3 其中一张签满名字的一美元纸钞，目前被收藏于斯坦福大学

为了寻找投资，亚瑟·洛克在经历了 35 次闭门羹后，偶然的机会遇到了仙童照相机与仪器公司的老板谢尔曼·费尔柴尔德（Sherman Fairchild，仙童就是 Fairchild 的意译），并成功说服了费尔柴尔德拿出 150 万美元的资金，投资成立仙童半导体。

这笔资金成为硅谷真正意义上的风险投资，洛克与科伊尔成为硅谷最早的风险投资商，协助创业者制定商业战略，分析融资需求，寻找资金并分享收益。而 8 位创业者也拿到了公司的股份，成为公司的共同所有者。

公司成立不久，凭借费尔柴尔德和 IBM 的深厚关系，诺伊斯结识了时任 IBM 总裁的小沃森，由于诺伊斯的自信表现（图 3-15-4），毫无名气的仙童半导体就拿到了 IBM 的 100 个硅管的订单。经过 8 人分工合作，仙童半导体在半年后将第一批双扩散 NPN 型硅管如期交付到 IBM 手中。

图 3-15-4 罗伯特·诺伊斯

由于 IBM 和德州仪器合作建设了半导体生产线，此后仙童再也没有拿到 IBM 的订单，但这一订单仍然意义重大。凭借业界最新的双扩散硅管，仙童在当时的半导体行业中确立了领先地位，由此获得了持续的订单。到 1958 年底，仙童的销售额达到 50 万美元，员工也增加到 100 人。

可以说，正是当时兴起的风险投资的机制给了这 8 位除了技术之外几乎一无所有的年轻人以施展才华、实现梦想的机会。反过来，也正是这些极具野心和反叛精神的年轻人成就了一直延续至今的硅谷的创业传奇。

接下来，真正让仙童成为半导体行业巨头的，则是集成电路芯片的发明。

在 1958 年，德州仪器的杰克·基尔比率先用锗材料手工制造了第一块混合集成电路，并在 1959 年 1 月底就为其申请了专利。但几乎与此同时，诺伊斯也产生了用平面扩散工艺生产集成电路芯片的想法。

诺伊斯的设想是基于贝尔实验室公开的扩散工艺和同事金·赫尔尼提出的平面工艺。平面工艺的加入使诺伊斯的方法比基尔比的方法更为先进，而且可以在硅晶体上实现微型化和规模化量产。

1959 年 2 月，诺伊斯为这一"微型电路"申请专利，同年 7 月，才为基于平面工艺制造的芯片补充申请了专利。正是由于基尔比和诺伊斯几乎同时发明出芯片，由此引发了德州仪器和仙童两家公司旷日持久的专利权诉讼。一直到 1966 年双方达成协议，都承认对方享有部分芯片发明专利，才开始共同对外进行芯片制造的授权，开启了半导体产业的集成电路芯片时代。

1960 年，在一份研发计划中，仙童公司确定了"微型逻辑电路"的研发方向，以此满足政府在军事和航空航天中对低功耗、小尺寸的芯片的需求。1961 年初，仙童的第一个芯片产品面世，售价为 120 美元，政府成为当时唯一的买家。直到 1964 年，芯片才应用于作为民用产品的助听器上面。

尽管当时一颗芯片的成本是分立器件组装的电路成本的 10 倍，但是诺伊斯已经意识到芯片将取代分立器件成为半导体产业的主流，以及在民用市场拥有巨大潜力。因此，诺伊斯便坚持推动仙童在芯片开发上面的投入，并率先大幅降低芯片售价。与此同时，诺伊斯在 1964 年还成功说服仙童集团，在中国香港地区设立仙童的离岸工厂，利用香港丰富的人力资源、低工资和税收优惠，来降低芯片的成本。

正是诺伊斯的努力，使芯片市场快速扩大，取代了晶体管的市场。后来摩尔如此评价诺伊斯的贡献："诺伊斯以低价刺激需求，继而扩大产能，降低成本的策略，对于芯片产业的重要性堪比芯片的发明。"

此后几年，芯片销售就成为仙童半导体最主要的利润增长点。1966年，仙童半导体已经是美国第二大半导体公司，仅次于德州仪器。1968年，仙童半导体的员工已经达到3.2万人，年营业额达到1.3亿美元。

不过，仙童半导体的发展危机在一开始就已经隐藏其中。因为在最初的公司股权协议中，有一项附加条件，即如果公司获得成功的话，母公司将有权以预定的价位在5年内买断创业团队所持有的股份，预定价位是300万~500万美元。

因此，在仙童半导体成立2年并盈利之后，仙童集团行使了这一期权，回购了仙童半导体公司的所有股份。尽管当时这8位创始人都拿到了一笔25万美元回购股权的巨款，但同时也让他们失去了对于仙童半导体公司的控制权，就连担任总经理的诺伊斯也不能在仙童半导体的预算计划、利润分配和员工优先配股权上面说上话。

同时，仙童集团还将仙童半导体公司的大量利润转移到东岸的其他部门去填补亏空，这些举措既阻碍了仙童半导体的发展，也让员工怨声载道，极大地打击了这些创业者的积极性。

1961年2月，"八叛逆"中的拉斯特和赫尔尼，连同他们说服的罗伯茨，三人正式离开仙童，创办阿梅尔克（Amelco）公司。"八叛逆"的叛逃再次上演。

1962年，同属"八叛逆"的克莱纳也选择离开，成为一名风险投资人。与此同时，仙童的一些管理层和技术人员也纷纷出走，创办自己的公司。拉斯特小组成员的吉姆·霍尔和摩尔的助手斯比特·豪斯创办了梅莱克特（Melector）公司，成为仙童的有力竞争对手。1967年，时任仙童半导体公司副总裁的查尔斯·斯波克去了濒临倒闭的美国国家半导体公司，并将公司从康涅狄格州迁到硅谷，使其重新崛起成为当时全球第六大半导体厂商。仙童销售部主任杰里·桑德斯带着7

名仙童员工创办 AMD，至今仍然是和英特尔势均力敌的半导体企业。

随着仙童人才的流失和经营业绩大幅下滑，1968 年诺伊斯和摩尔决心辞职，带着安迪·格鲁夫一起离开仙童，创办了此后大名鼎鼎的英特尔（图 3-15-5）。再之后，同属"八叛逆"的格里尼克和布兰克也先后离开。至此，8 人全部离开亲手创办的仙童半导体公司。

图 3-15-5　英特尔三位创始人从左至右依次为：格鲁夫、诺伊斯、摩尔

仙童半导体的光环随着这些开创者的离开而逐渐消失，后来几经辗转、易主，到今天已经彻底沦为一家普通的公司。随着 2016 年被安森美半导体收购之后，世上再无仙童半导体。

不过，仙童半导体所开创的企业模式和"八叛逆"所引发的创业浪潮，从此在硅谷生根发芽，硅谷之火就此已成燎原之势。

此后成为风险投资之父的亚瑟·洛克如此形容仙童半导体成立时的现实境况："当时根本没有办法成立一家公司，因为没有风险投资的机制，更不用说风险投资机构。"

所以，仙童半导体的出现具有很大的偶然性。正是像洛克这样的投资商人的出现和成功企业家费尔柴尔德的前瞻眼光，才让一群白手起家的年轻人摘取到了半导体产业的丰厚果实。如果说肖克利半导体实验室像一个新旧企业时代过度的试验品，那么仙童半导体就是真正跨入现代科技企业的成功范例。

仙童半导体之所以成功的另一偶然因素是赶上了"冷战"背景下的美苏争霸。美国政府的军事工业项目成为仙童半导体、德州仪器、摩托罗拉等多家半导体厂商崛起的重要因素。由于军事项目对于芯片的可靠性要求极高，但对成本并不敏感，因此使芯片的发展一开始就以提高技术标准为核心驱动力。政府的大额订单推动了芯片的完整供应链体系的建设，使芯片量产加速实现。

仙童半导体的成功更有时代创新的必然性。仙童半导体的成功首先得益于创立之初就建立的"技术＋资本"的合作模式，创业者以技术入股，资本进行风险投资，组成新公司，降低了技术人员的创业压力，企业的成功也带给资本高额的回报。这一创业模式成为硅谷以后大多数高科技创业公司的使用模式。

仙童还开创了高速技术创新和产品应用相结合的市场模式。技术创新作为企业生存的基础，产品应用的低成本普及使企业规模快速做大。在依靠军工项目打下基础后，仙童又开始走民用产品路线，技术开发路线也尽可能避开军工产品标准，使在中国香港地区离岸设厂成为可能，也使仙童在此后激烈的半导体竞争中取得先机。

最重要的是，仙童半导体的成功给了从仙童出走的人才可以复制的成功模式。仙童半导体也在诺伊斯的带领下，开创了最早带有"极客"风格的管理风格。他以肖克利为反面典型，提倡尊重、公平、开放和信任的团队文化，使仙童半导体成为一家有着反叛和创新精神的高科技企业。如果不是受到带有东部老派工业气息的仙童集团的掣肘，仙童半导体很有可能成长为半导体产业的巨头。

不过，也正是因为仙童半导体的衰落，才使无数的人才带着反叛的野心出走，成就了一家又一家硅谷的明星科技公司。

正如乔布斯所言："仙童半导体公司就像一只成熟的蒲公英，一吹它，这种创业精神的种子就随风四处飘扬了。"

16 德州仪器的"罗生门"

自从淡出手机芯片市场之后，德州仪器的名号逐渐变得鲜为大众所知，但其实我们每一次打电话、上网、拍照等活动背后，都可能在与其制造的模拟芯片和数字处理器 DSP 产生亲密接触。

有着 80 多年历史的德州仪器（Texas Instruments，TI），在模拟集成电路市场占据了无可争议的大量份额，营收是竞争对手 ADI 的两倍之多。而其发明创造的如全球第一个晶体管、第一块集成电路、第一款手持计算器、第一个单芯片 DSP 等，都足以在半导体史册留名。

历史上，德州仪器经历了两次较大的战略转型。第一次是 20 世纪，从地质勘探转型半导体，在与仙童半导体的对战中屡次取得胜利，最后却被迫放弃微处理器市场，专注信号处理器与模拟集成电路领域。第二次是 21 世纪初，不得不告别 3G 业务，将重心从手机处理器转移到汽车＋工业等领域。

每一次转型背后的原因，历史的书写者们都有着各自的看法。

一部分人认为，德州仪器踩准了互联网与智能手机从繁荣到泡沫破裂的时机，获得了持续增长的空间，是一种极具前瞻性的体现。

另一部分人则认为，德州仪器在两次变革中都没有把握住机会，计算机处理器市场败给英特尔，手机芯片被高通挤压，没有做出顺应市场规律的产品，只能退居幕后做起上游生意。

德州仪器在每一次变轨之后，都能够在极其残酷的竞争中站稳脚跟、打败竞争者，重新确立自己的泰斗地位。无论前因如何，这一结果都是值得思考的。

1930 年，两个青年 J·克莱伦斯·卡彻和尤金·麦克德莫特，看到了得克萨斯州得天独厚的石油资源，创建了一个小型石油和天然气公司——地球物理业务公司（GSI），这就是德州仪器的前身。

地球物理业务公司的生意一直不错，到了"二战"期间，又得到了国防电子产品的订单，开始将信号处理技术应用在潜艇侦测、空军雷达系统等产品上，这一度占到地球物理业务公司销售额的 80%，成为公司的支柱产业。1946 年，地球物理业务公司创建了电子设备实验室和制造厂，1951 年重组并更名为"德州仪器"。

此前的经验告诉他们，半导体是一个极具前景的行业，处在刚要起飞的黄金点。于是这个连真空电子管生产和使用经验都没有的公司，开始积极切入新赛道。

这个半导体新秀之所以能从仙童半导体手里多次抢到"第一"，得益于顶级科学工程师加持下的产研结合。1952 年年初，德州仪器以 25000 美元的价格从 AT&T 的制造部门西电公司（Western Electric Co.）购买了生产晶体管的专利，同年开始制造和销售晶体管。此后，曾在贝尔实验室工作的戈登·蒂尔在德州仪器担任研究主任，在 1954 年研制出了第一个商用的硅晶体管，德州仪器成为当时唯一一个批量生产硅管的公司。1958 年杰克·基尔比又提出创新（图 3-16-1），将微型电路蚀刻在一块晶片上，研制出世界上第一块集成电路，德州仪器又成了当时唯一能批量生产硅晶体管的公司。

图 3-16-1　诺贝尔物理学奖得奖者杰克·基尔比

顺利涉足半导体，又拿下了国防系统订单，让德州仪器很快走上了正轨。此外，德州仪器还十分注重产品线的丰富程度，积极布局大众消费市场。

许多人学生时代用到的能进行多功能计算的手持计算器，发明者正是德州仪器。除此之外，德州仪器还推出了第一款单芯片语音合成器，应用于手持式教育玩具；打造了第一款单芯片微控制器（MCU），来改造家用电器和工业设备等。

消费市场大获成功，20世纪七八十年代，德州仪器在数字钟表、电子手表、便携式计算器、家用计算机以及各种传感器方面的业务十分走俏，并在20世纪末将国防业务直接出售了。

那为什么这位转型成功的昔日IC霸王会从消费端隐退，开始面向企业市场呢？因为在微处理器领域，德州仪器遇到了一个初兴但有力的对手——英特尔。在前面的篇章中，我们提到英特尔8008是世界上第一款8位处理器。但其实早在英特尔之前，德州仪器也曾推出过一款8位处理器。

当时，一个名为计算机终端的公司计划设计一台计算机，德州仪器和英特尔都得到了单MOS芯片的订单。德州仪器的表现很不错，仅用一年时间就研发出了TMX 1795，比英特尔更早交货。但TMX 1795芯片的体积实在有点大，存在大量浪费的空间，性能无法满足要求，也很难被商用。这也给了英特尔8008赶超的机会，并在计算机终端公司之后，相继获得了来自IBM、微软的订单，拿下了个人计算机处理器市场的庞大份额。

德州仪器再次抢先推出了16位处理器TMS9900，这回因为缺乏可兼容的外围芯片和软件而失败。到最后，一看英特尔大势已成，德州仪器在全球半导体市场份额在过去10年里从30%跌至只剩5%左右，为了削减成本，甚至在1980年到1982年间裁减了1万名员工。最后壮士断腕，选择离开微处理器业务。

微处理器业务的"滑铁卢"，将德州仪器推出个人计算机市场，却也意外地为其开启了移动芯片的大门。德州仪器大刀阔斧地开启了国防、打印机、计算机、DRAM存储器等一系列业务，从20世纪90年代末开始，集中在移动领域发力，将业务聚焦在数字信号处理和模拟芯片领域，并说服诺基亚采用了其数字信号处理DSP产品。

在诺基亚红透半边天的 2G 时代，德州仪器也通过与其合作，迅速成长为全球最大的手机芯片供应商。广泛流行的塞班系统，也采用的是德州仪器的处理器。

2007 年，德州仪器还发布了第一个单芯片数字手机解决方案（LoCosto）系列，以期让手机变得更加智能。一切看起来都很好，如果没有 3G 这个意外的话。高通利用 3G 技术知识产权问题，将德州仪器阻挡在了新市场的门外。因为德州仪器的处理器只有图形处理器 GPU 和一些数字信号处理单元 DSP，手机厂需要另外购买基带芯片来进行集成，而高通则是将处理器和基带直接集成在一起出售，就算需要支付一笔授权费，也比后续组装更加简单高效。

高通的操作获得了市场的认可，德州仪器只能放弃这个极具增长前景的业务，在 2012 年宣布结束其以智能手机和平板计算机为导向的 OMAP 芯片业务，将模拟集成电路和嵌入式芯片作为核心。这一次转型依然被命运之神所眷顾，模拟产品是连接物理世界与数字世界的桥梁，成为半导体领域一块最新的"蛋糕"。

2005 年起，德州仪器先后出售了液晶显示器、数字用户线路、传感器、手机基带业务，紧紧抓住汽车电子和工业电子市场，实现了高增长。2019 年，德州仪器拥有 137 亿美元的半导体产品销售业绩，其中模拟收入占到了 75%，并以 18% 的市场占有率牢牢占据着龙头地位。

在今天看来，转型的成功要得益于德州仪器先前的多元化布局。在不停出售原有业务的同时，德州仪器也在购进"优质资产"，比如 2000 年斥资 76 亿美元收购了模拟芯片厂商伯尔 - 布朗（Burr-Brown），扩大了模拟集成电路的产品群；2009 年收购 LAZR（Luminar Technologies）公司，2011 年又花费 65 亿美元收购美国国家半导体公司，引入了 5000 名员工、4.5 万种模拟集成电路产品和客户设计工具，极大地扩展了模拟业务的实力。

转型之后，德州仪器开始在企业市场建立全新的定位，并拿下了索尼、通用汽车和瑞典电信巨头爱立信等的订单。目前在全球的 5G 通信变革下，电动汽车、智慧工业乃至智能手机，都在不断延展模拟芯片的应用可能。未来或许将再次证明，德州仪器的"被迫"转型又一次押对了"宝"。

将 80 多年的企业常青归因于幸运，显然是不符合逻辑的。目前看来，德州仪器至少有三点是值得借鉴的。

1. 技术产品多元化

德州仪器的每一次重整旗鼓，都来自其原有业务线中孵化出的强势产品。科技行业的技术更迭和产品创新速度越来越快，就像打地鼠一样，没人能预测下一只地鼠出现的具体位置和方向。但摸准大趋势并广泛展开布局，将技术专利全面转化到赚钱业务之中，运用在不同场景、产品之下，为其铺垫了重要的救生通道。

比如德州仪器在地质勘测时期同样在发展电子业务，制造手机芯片的同时也没有耽误给车企制造芯片。早在20世纪80年代，德州仪器就为福特和通用打造了名为TLC542的车载器件，2003年还针对汽车推出了第一款信息娱乐系统，成为为数不多的几个汽车处理器供应商之一。

在今天半导体产业链条高度垂直的趋势下，单一产品集群如何抵御来自全球的不确定性风险，"大而全"又如何保证专业与领先，把优质资源集中到自身最专最精的地方，显然考验着企业的智慧与胆识。

2. 市场推广效能化

在从微处理器转型到模拟集成电路和嵌入式平台时，德州仪器时任CEO的谭普顿认为，这个领域不仅市场大、利润相对高，而且还可以捆绑销售。因为带电的产品一定会用到嵌入式处理器，销售人员单次客户拜访回报率高。为了极尽销售效能，德州仪器打造了一种"蝗虫式营销"，即利用大量的销售人员，面向众多分散的新兴中小客户，将产业链上的相关产品全面推出。在抢占更多新客户的同时，还尽可能地占领每个客户不同产品种类的供货需求，提高单一客户的销售价值。这成为德州仪器能够快速站稳脚跟、维持运转必不可少的支撑。

3. 技术支持生态化

卖给一个客户一个硬件、一个解决方案，在以后的日子里提供"007"（从0点到0点、一周7天不间断）式支持服务，是不是就够了？德州仪器显然不这么认为。

德州仪器也被誉为半导体行业的黄埔军校，走出过台积电创始人张忠谋、中芯国际创始人张汝京等业内顶尖人才。而从1998年开始，德州仪器就与教育部开展了产学研方面的战略合作，在中国 600 多所大学建立了 4 个技术中心、超过 2500 个模拟创新实验室、微控制单元 MCU 实验室和数字信号处理 DSP 实验室，并捐赠了各种软硬件开发工具和免费样片，每年举办超过 50 场各类技术培训。

在为电子行业培养了大批工程师的同时，这些人才在进入产业时也润物无声地将德州仪器带入了市场。比如一个客户在马达控制领域选用了德州仪器的 C2000，在问及原因时，原来是因为厂里的工程师都熟悉和建议使用 C2000。

技术上的领先并不意味着市场上的绝对统治地位，但工程师队伍的强大一定能让市场扩展如虎添翼。工业控制、汽车等领域尤其注重产品的可靠性和安全性，因此从大学阶段开始投入的技术支持生态建设，也进一步增强了德州仪器在业界的存在感。

不管大环境怎么改变，半导体领域的客户需求其实一直都很简单：更好的解决方案、更高的性价比、更小的封装、更低的功耗、更稳定的供货、更可靠的支持。从这个角度来看，德州仪器就像宇宙里的暗物质一样，尽管看不见，但却神秘而强大。

17　"硅谷市长"罗伯特·诺伊斯开启的产业法则

请想象这样一个人：他是诺贝尔奖获得者，奠定了半导体产业的基本法则，引领好几个半导体企业走向巅峰，是员工的良师益友与创业者们的天使投资人，被世界最顶尖的高科技公司管理者信赖与推崇，全球媒体都热衷于听取和传播他的言论……是不是既强悍又伟大？这个人就是罗伯特·诺伊斯。

罗伯特·诺伊斯的一生有许多头衔，集成电路的发明者，仙童、英特尔公司的创始人之一，"硅谷模式"的开创者，战后最伟大的美国人……但他去世后，却是更具政治色彩的"硅谷市长"一词，为其一生功业盖棺定论。本章将通过他一生中重要的几场"战役"，来思考其所代表的独特群体——企业家，如何扛起社会事务的重任，又会给全球高科技战局带来哪些变数。

作为半导体行业的执牛耳者，罗伯特·诺伊斯是全球半导体市场竞争中的关键角色。在烽火硝烟中捍卫与重建了什么，是我们可以从诺伊斯的"戎马生涯"中所探寻的。

第一阶段，是半导体初兴的蛮荒年代。

被无数国家试图效仿打造的硅谷，在其生长之初，也离不开残酷的丛林竞争与厮杀。尤其美国的高科技行业还盛行无政府主义，硅谷距离美国政治中心华盛顿很远，受到的关注和约束也最少。但没有规矩不成方圆，竞争最混乱时，许多突破道德底线的行为也开始出现。比如一些人离开旧雇主，会互相争抢竞争对手的员工，模仿产品，有时还会提起诉讼。

在《微电子新闻》周刊中，就曾曝光过硅谷芯片产业的许多丑闻，类似潜入竞争对手的计算机系统盗走设计方案，创始人在走廊上打架，把不能用的设备发给客户之类不堪的手段，此后被资深人士证实大多都确有其事。

在这样的蛮荒时代，诺伊斯为整个行业梳理出了良性竞争法则，在他生前的最后一段时间，甚至推动了美国半导体企业放下前嫌，共享创新，相互合作。

第二阶段，是集成电路的专利之战。

1959 年，诺伊斯只为微型电路申请了专利，但没有为他用平面工艺制造的集成电路申请专利。而就职于德州仪器的基尔比早于诺伊斯申请了集成电路产品的专利。

问题来了，一旦被裁决专利归属于对手，即意味着仙童和德州仪器有一个需要为了制造集成电路芯片而向另一方要求授权。20 世纪 60 年代，仙童和德州仪器都在为此相互控告。最后，法庭决定一分为二：将集成电路的发明专利授予基尔比，将关键的内部连接技术专利授予诺伊斯。

第三阶段，是英特尔与日本在 DRAM 市场狭路相逢。

从 20 世纪 70 年代中期到 80 年代，美国在半导体领域的优势地位被日本彻底抢走，失去 2.7 万个工作岗位。英特尔的市场份额也不断下降，导致在 80 年代中期陷入了困境。

身处旋涡之中的诺伊斯，为几近溃败的美国半导体行业找到了一个极为有效的突破口——游说政府。他不断地宣传半导体对于国家经济的重要性，鼓励政府调查日本企业，最终以"倾销"的名义对日本企业展开制裁，为美国半导体行业成功续命。

第四阶段，长达十多年的美日争霸。

罗伯特·诺伊斯临危受命，已经退休的他在 1988 年再度出山，担任美国半导体制造联盟的首席执行官，以期调解美国芯片公司之间的关系，挫败日本的进一步挑衅。

我们知道，硅谷是一个长期游离在政治之外、更尊崇技术创新的地方，此时居然要大家联合起来，听从政府的干预进行技术攻关与共享，这似乎是一个不可能完成的任务。所以《哈佛商业评论》评价诺伊斯的选择——"他是电子世界的一个传奇"。尽管诺伊斯过早地在这一职位上离开人世，但他取得的成果是明显的。1992 年，美国在全球半导体市场的份额重新超过了日本，这种力量转换的源头，与诺伊斯的推动有着直接关系。经过美国半导体历史上的这四个关键阶段，我们会发现残酷的厮杀伴随着半导体产业升级进化的始终。而罗伯特·诺伊斯的存在，无疑是美国能够持续站在产业顶端的重要影响因素之一。

那么问题来了，如果没有诞生这样一个人，那这个国家的半导体产业就没有希望了吗？显然不是，日韩欧洲等半导体区位的崛起都没有绝对同步出现"诺伊斯式"的人物。所以，不妨将目光从诺伊斯的个人特质短暂地转移开来，从"硅谷市长"这一身份的产业动作上，从其为美国半导体行业奠定的产业法则中，看看有哪些值得借鉴的地方。

1. 坚持务实的技术研发

尊重技术创新，是一个老生常谈的话题。但什么样的技术才算创新？新到什么程度才可以？怎样的创新可以带来商业价值？这些更细致的问题的答案，才是成就硅谷的真正原因，也是罗伯特·诺伊斯用一生时间来探求的道路。

前沿技术的应用落地，贯穿了他的整个职业生涯。当人们提及罗伯特·诺伊斯对产业界的贡献时，都会提到一句——使半导体产业由"发明时代"进入了"商用时代"，这也是诺伊斯与基尔比在集成电路研发思路上的最大差异。

博士毕业之后，罗伯特·诺伊斯就投身工业界，不想单纯搞理论研究，希望用所学做一点实际工作。所以他在众多公司的邀请中，选择了做晶体管的飞歌，但这家公司令他很失望。这时肖克利许诺罗伯特·诺伊斯，他可以在自己的半导体公司与业界最具前途的人们共同研究晶体管，推出有市场前景的产品。诺伊斯没有一丝犹豫就决定前往。

肖克利对技术方向十分执着，于是罗伯特·诺伊斯又化身"八叛逆"之一，成立了仙童，并在此期间成功实现了集成电路芯片的量产。但随着时间的推移，业内出现了一种名为金属氧化物半导体（Metal-Oxide Semiconductor，MOS）的技术，速度更快，更便宜也更省电，但仙童却长期抵制这一技术。这与诺伊斯所看中的技术产业趋势不符，尽管他作为元老可以躺在功劳簿上吃老本，但依然选择了离开。

英特尔成立之后，在 DRAM 上取得了巨大成功，所以当有人提出发明微处理器时，大家都认为无关紧要。但罗伯特·诺伊斯敏锐地察觉到微处理器的重要作用，他开始奔走游说，鼓励微处理器的开发。英特尔的运行经理、董事会主席等都曾表达过，如果没有罗伯特·诺伊斯的努力，微处理器不可能有今天这样的发展。

罗伯特·诺伊斯是一位科学家，也是一个务实的产业者。他不像一般的创业公司一样非要从头摸索、从零开始，而是利用已有的、成熟的技术去制造产品，思考产品的市场潜力与生产可行性。这也是为什么英特尔成立不到 18 个月就打造出了全新的 3101 型芯片。

用最高的良品率、最短的时间、最具前景的产品，让技术抵达大众，才是罗伯特·诺伊斯的终极目标。

2. 创新与生产的融合

面对来自美国的半导体制裁，华为高管余承东曾不无遗憾地说："只切入芯片设计（而不是制造）是一个错误"。其实，这并不单纯是战略选择的失误。在半导体领域，一直存在一种"紫色瘟疫"或"红色死亡"，简单来说就是从产品研发到制造环节，原本表现稳定的元器件也可能在生产过程中出现各种各样让人摸不着头脑的问题。

而罗伯特·诺伊斯早在 20 世纪，就尝试努力弥合研发与制造之间的鸿沟。

在研究时，他就会思考怎样才能让产品运出工厂的大门，而不是单纯在学术界"刷存在感"。这也是为什么罗伯特·诺伊斯会将一些技术方案放下，其中就包括基尔比率先争夺的"固体电路"专利。他认为这一设计毫无"审美感"可言，根本无法大规模量产。而罗伯特·诺伊斯通过其平面工艺，可以让下一代晶体管的材料成本趋近于零，从而让消费产品和家电变得廉价，改变电子产业。

在仙童的管理工作中，他也一直努力调节研发部门和制造部门之间的紧张关系。比如将他们召集到一起，探讨如何让两个部门在新产品的衔接和沟通上保持顺畅。罗伯特·诺伊斯始终将集成电路视为一项工艺上的突破，而非科学成就。在被孩子们问到"什么时候能获得诺贝尔奖"时，他总会调侃着说："他们不会将诺贝尔奖授予从事工程研究或做实事的人。"

科学家与企业家的融合特质，是罗伯特·诺伊斯能够推动美国半导体产业技术落地、规模扩张的原因。事实证明，仙童也好，英特尔也好，两个曾由罗伯特·诺伊斯执掌的企业都在商业与客户口碑上取得了巨大成功。

3. 硅谷精神

个人能力的优秀，并不足以收获"硅谷市长"的殊荣。成为硅谷的无冕之王，源自罗伯特·诺伊斯奠定了硅谷的核心精神。

比如今天互联网企业都在推崇的扁平化管理模式，当时在美国企业中并不常见，而罗伯特·诺伊斯在管理仙童和英特尔期间，就一直在推动取消管理上的等级观念。

他取消了办公室的隔间，有位仙童的造访者吐槽"摩托罗拉的办公室是罗伯特·诺伊斯办公室的四倍"，如今开放式办公成为高科技公司的文化象征。他提出了公司股权制，三分之一的普通员工都能得到股权，这种全新的劳资关系已经成为全球科技公司吸引人才的模式。对于研究人员，他也允许其自由探索，"博士们利用一年的时间构思自己的设想"，而不强调具体的成果，这不就是各种"企业研究院"的雏形吗？

罗伯特·诺伊斯也是"天使投资"最早的一批实践者之一。在转交了英特尔的日常管理任务之后，罗伯特·诺伊斯就开始用资金扶持创业者，投资100万美元成立了"卡兰尼斯基金"。乔布斯曾在多个场合中说过，"罗伯特·诺伊斯将我揽入他的羽翼之下，尽可能地让我熟悉情况"（图3-17-1）。

图 3-17-1　乔布斯和诺伊斯

罗伯特·诺伊斯认为，硅谷的英雄不是律师，也不是金融家，而是创业者。将硅谷打造成全世界创业者向往的"天堂"，罗伯特·诺伊斯也成了硅谷精神的创造者与布道师。

4. 企业家的公共职能

涉足政治事务，服务于公众/产业利益，是罗伯特·诺伊斯"硅谷市长"身份的核心属性。

从1974年开始，罗伯特·诺伊斯不再负责英特尔的日常运作，而是作为硅谷和整个美国半导体工业的非官方代言人，承担起了更具公共价值属性的责任。比如出任美国半导体工业协会的主席，帮助美国抵抗日本的DRAM冲击。

罗伯特·诺伊斯不断通过媒体发声，制造声势，提醒大众注意日本半导体的威胁。他告诉《财富》杂志，日本人正在"试图撕破我们的喉咙"。通过《洛杉矶时报》向大众喊话，"无论是在汽车还是航天产业，半导体都起到了非常重要的作用"。

同时积极游说政府，督促其从单一的客户身份中转变，加快对本国半导体行业的支持。他不断跟美国众议院筹款委员会强调，美国的半导体行业为电子产业提供的是"原油"。1978 年《税收法》，这项立法将资本利得税率从 49.5% 降至 28%，以减少美国半导体企业的经营压力。除了四处奔走、争取政策资源之外，他提出了一个十分重要的产业模式——创建一种激励人们去创新、创造和坚持的体系。

在罗伯特·诺伊斯看来，鼓励发明创造比政府直接帮助更有效。为了让各怀心思的企业能够精诚合作，诺伊斯在关键时期出任半导体制造联盟的首席执行官，组织美国半导体企业共同研发，共享创新成果。

早在仙童时代，就有创始人认为，罗伯特·诺伊斯比其他创始人更像是一位政治家。不难看到，诺伊斯所奠定的半导体产业法则到今天依然有值得参考的价值。

罗伯特·诺伊斯个人身上所承载的复杂角色，也许无法重新复制在其他区位、或产业者身上，却可以通过拆解、细分，组成集体作战的突围力量。

他们是远见卓识的科学家，能够带领产业界奔跑在技术应用的正确跑道上。

他们是运筹帷幄的企业家，用人格魅力、商业谋略、资金资源来帮助员工和企业有能力、有信心在残酷的产业竞争中乘风破浪。

他们也应该是心怀天下的政治家，既有"大庇天下寒士俱欢颜"的人文情怀，也有"苟利国家生死以"的责任感。

当然，他们还必须有绝佳的沟通公关能力，能够将自身的价值主张、技术思想借助媒体、联盟、政界的力量，化为利剑，击碎挑衅者的一次次试探与冲锋。

回归到历史长河里，任何一个伟人、一个企业、一个国家，都是在无数封锁、战斗中成长崛起的。所以，就用罗伯特·诺伊斯所作的诗句来结尾吧——这就是世界应该变老的方式，应该轰轰烈烈，而不是呜咽哭泣。

18　CPU 战争三十年

20 世纪 80 年代初，半导体行业看似稳定，却在酝酿一场前所未有的变化。当时，政府与军事订单中的大型机依旧是市场主流，日本公司凭借存储器如日中天。芯片的日子似乎一片平静。但在太平洋东岸的硅谷，有一些人却在准备把半导体行业的整张桌子掀掉。

如果从最终的市场结果来看，这场行动可以被简单定义为微型计算机兴起，大型计算机衰落。但在 PC 进入千家万户的巨变最终达成前，各路人马还需要做很多准备，比如微型存储、操作系统、显示设备、软件开发等。

而在芯片领域，最关键的准备就是微型处理器，也就是今天人尽皆知，每家都有，并且成为国际科技博弈核心的 CPU。CPU 这个如今被认为是芯片产业珠穆朗玛的存在，当然不是一朝建成的。在它的崛起与成型中，有相当多的技术与产业必然性，也充满了商场上兵不厌诈的征伐。回看 CPU 与家用计算机的历史纷争，对于理解今天的芯片产业规则至关重要。

而这一切，要从 IBM 筹划进入微型计算机市场说起。

如今 IBM 已经退出了 PC 市场，但长期以来人们在谈论 PC 时，会认为 IBM 奠定了它的基本形态与产业规律。与苹果的封闭战略不同，20 世纪 80 年代初的 IBM 破天荒地打算用开放生态与产业合作的方式完成 PC 生产。而当时硅谷能够提供的微型处理器的最佳选择，就是诺伊斯、摩尔、格鲁夫从仙童出走后创立的英特尔。

早在 1971 年，英特尔就制造了第一款 4 位处理器 4004，随后不断进化，到 1978 年已经发布了 16 位处理器 8086。1981 年，蓝色巨人 IBM 选择将 8086 衍生出的 8088 作为自身产品的处理器，这在后来被称为"英特尔有史以来最伟大的胜利"。

当时参与这个选择的所有人可能都不会想到，一个行业标准就此诞生，一场美国反超日本的半导体战争宣告打响，一个 PC 和互联网支撑的时代随之到来。英特尔和 AMD 的 CPU 支撑了整个信息化革命，构建了我们每个人对计算机和网络的认知，改变了人类的工作效率和信息获取方式。也随着这个选择，英特尔和 AMD 两家公司开始了 30 年的征战。

2016 年，中国科技界曾经热议一个名叫"文泰来"的联盟。这名字听上去像一家南方老字号或者一位广东武术家，但其实是两家硅谷老字号——微软的 Windows 操作系统 + 英特尔 CPU 组成的 Wintel 联盟。联盟的初衷，是 IBM 在 20 世纪 80 年代初准备进军微型机市场。当时苹果已经与摩托罗拉的 CPU 合作，取得了先发优势。IBM 想要后发先至，就必须拿出点出人意料的东西。IBM 的选择是利用生态合作的力量，让自身的微型机产业充分开放，各家公司都可以拿出自身擅长的东西加入这个市场，以联盟的方式抢占苹果的市场份额。

在这个举措之下，两家公司马上开始了表演。首先是坐拥当时微处理器最前沿与核心技术的英特尔，终于在 8086 时代找到了 IBM 这个商业大靠山。并且由于 IBM 的支持和开放态度，大量软硬件企业都来兼容适配英特尔的架构，这也导致英特尔在此后一举成为行业龙头。

差不多同一时间，IBM 选择了微软来为微型机提供操作系统。如果说英特尔的中选有充分的技术必然性，那么微软的上位在当时就颇有侥幸的意味了。IBM 原本打算自己开发系统，但被微软方面巧妙说服了。由于开发时间紧迫，微软还购买了另一个操作系统 QDOS 的使用权来加速开发，最终给 IBM 带来了 Microsoft DOS。这段历史也成为微软发展的最大转折点。

说回到英特尔的 CPU。之所以英特尔能不断取得成功，与当时 IBM—英特尔—微软的合作架构有重要关系。首先 IBM 的开放策略真的非常开放，只提标准需求，不向下游合作方要求技术捆绑。这导致英特尔的 CPU 和计算架构变成了行业标准，但 IBM 却仅仅是一家主机厂商。虽然 IBM 也进行了一系列自主研发，但在底层技术中的突破始终不太顺利。最终结果是 IBM 的选择培养起了"文泰来"联盟这个大怪兽，但其 PC 市场却率先衰落了。

英特尔与微软，一个攻硬件一个攻软件，看似各自为政，但却从南北两侧卡死了整个 PC 产业。从最开始同为 IBM 供应商，到后来两家内部达成了惊人的默契。比如英特尔的 CPU 更贵，微软就把 Windows 降价促销搞捆绑销售；微软不断推出更加消耗内存的操作系统与软件，英特尔就把内存加大适配系统。两家的策略就是高度互补，让消费者和 PC 厂商选择一家的同时也必须选择另一家，最终导致 20 世纪七八十年代 PC 崛起中出现了"双寡头"格局，两家一度占据 PC 市场 90% 以上的份额。

"文泰来"联盟的意义是多方面且富有历史争议的，有人说其扼杀了 PC 市场的竞争，也有人说他们联手才把 PC 推向全世界。但不管怎么说，"文泰来"联盟给 PC 行业快速打造了一个标准化底座，各个软硬件厂商与开发者得以无障碍地进入这一新兴市场。在英特尔的核心技术与"文泰来"联盟的商业手腕双加持下，CPU 很快就成了芯片产业的核心。而它影响最深远的副产品，就是 x86 架构。

美国对中国不断加码科技封锁之后，影响最严重的到底是什么？如果这个问题在街头访问，受访者大概率会脱口而出是手机芯片，但如果问科内人士，回答很可能是 x86。英特尔获得 IBM 订单，结成"文泰来"联盟，给芯片产业内带来的最大影响是，英特尔的 x86 架构开始成为行业默认的标准。

然而，这件事其实并不完全靠英特尔的推动。IBM 在发放处理器订单时，已经开始提防英特尔会趁机做大，携 CPU 以自重。标准动作是找到第二供应商，于是同样从仙童走出来的 AMD 就成了一个很好的选择。

英特尔是诺伊斯、摩尔这些"八叛逆"核心人物所创建的，而 AMD 的创始人桑德斯是仙童销售部出身。核心技术和产业洞察在当时不是 AMD 的强项，但灵活的市场手段和获取订单的决心，让 AMD 的基因里携带着灵活与韧性。

作为 IBM-PC 的 CPU 第二供应商，AMD 深知自己与第一供应商英特尔的关系非常微妙。如果真的不断推出竞争产品，只会以弱攻强，并且造成供应商之间的内耗。于是在 IBM 的推动下，AMD 也开始兼容英特尔的 x86 架构，推出了大量作为英特尔追随与候补的产品。而这个决定，也让英特尔从 8086 时代开始使用的 x86 架构不再是英特尔自己的技术，变成了行业标准。由 x86 架构确定的 CPU 使用范畴与升级方法也不断向后兼容，吸引更多软硬件厂商加入生态，最终成为

整个信息时代的底层计算架构。

今天绝大多数的 PC、服务器、数据中心、超级计算机都沿用 x86 架构，支撑着国家与社会的计算。这也是为什么美国一旦发起芯片封锁，x86 是最严重的问题之一。

8086 发布时，英特尔的广告语是："开启了一个时代"。事实上大量科技产品都会用类似的表达，非常套路。虽然 8086 很快就过去了，但其使用的 x86 架构，却如实开启了一个统治力无比强大的时代。然而 x86 的开放性和生态性是一把双刃剑，一方面，其好处在于让英特尔立于不败之地，可以一次次碾压竞争对手妄图发起的挑战；但另一方面，x86 也容纳了众多公司进入其内部，引发了 x86 体系内无穷的竞争。围绕 CPU 这个利益制高点，英特尔和 AMD 随后展开了 x86 架构内长达 30 年的近身肉搏，这可能也是 x86 诞生之初万万没想到的。

英特尔并未能避免竞争，哪怕是在自家的 x86 架构领域。比如被 x86 培养起来的 AMD，很快就变成了英特尔的"大麻烦"。

从某种意义上说，我们可以把 20 世纪 80 年代的英特尔想象成不情愿被抄作业的学霸（第一名），而 AMD 则是班主任指明可以抄作业的第二名。为了拿下 IBM 的大订单，英特尔无奈对 AMD 以及其他 CPU 厂商公开了技术秘密，但心里显然是不舒服的。这种矛盾在 1986 年爆发，就是芯片历史上著名的一场官司：386 争夺案。

英特尔 1985 年推出的 386，可能是中国人最早了解的一代 CPU。它在当时属实强悍的性能，直接把 PC 带入了 32 位时代。后来英特尔认为 386 的推出，是 PC 行业发展中的革命性转折点。这么好的东西一出，AMD 等以模仿见长的"友商"当然要选择跟上。但在 386 时代，AMD 的份额已经开始让英特尔忧心，386 再来一次显然不能忍。于是发布的同一年，英特尔断然中止了履行五年的技术合作协议，废止了 AMD 生产 386 的权利，独家生产最新的 CPU。

这一招"过河拆桥"直接把 AMD 打蒙了，被逼无奈之下只能诉诸法律。随后，这场案件在芯片官司众多的 20 世纪 80 年代，演变成了激烈程度、复杂程度都远超想象的巨型司法事件。在几百名证人、几千件证物的轮番轰炸下，历时 3

年，AMD 终于胜诉。但英特尔也开始了芯片官司败诉方的传统艺能——拖下去。

足足拖到 1994 年，英特尔才把 AMD 的 386 生产许可还回去，但此时的 386 已经成了一种古董。经此一役，英特尔成功摆脱了自 IBM 订单时代就贴身上来的竞争者，成功在产业升级中一马当先。但英特尔可能没想到，AMD 的反击才刚刚开始。

在长达 8 年的官司中吃尽了苦头，直接损失数千万美元，市场损失难以估量的 AMD，最终认清了这样一个道理：亦步亦趋的模仿没有出路，随时会被人釜底抽薪，只有自主设计研发才有未来可言——这个道理今天国人应该也已经明白了。1995 年，AMD 发布了 K5 处理器，与英特尔的 Pentium 展开直接竞争，这是 AMD 第一款自主设计的 CPU；第二年，AMD 收购了另一家 CPU 制造商 Nex-Gen，极大地提升了研发能力，并且获得了一系列新的 x86 兼容协议，以此开启了与英特尔的进一步竞争。同时，AMD 还不断在美国本土与欧洲布局大型晶圆厂，从研发到制造全线加码。

1997 年，被认为是英特尔与 AMD 常年竞争的一个分水岭。这一年，英特尔突然宣布放弃自身打造得已经相对成熟的 Super7 架构，推出 Slot1 架构以进军 100MHz 外频的全新市场。英特尔的这一举措非常激进，形如放弃了经营成熟的土地，另找地方拓荒。归根结底，英特尔已经厌倦了自己开拓新架构，然后 AMD 等公司亦步亦趋跟上来的局面，所以打算以新架构一举铲除隐患——但是新架构本身可能才是隐患。

芯片产业就是如此，一步走错，满盘皆输。英特尔的体量当然不至于溃败，但一个冒进的选择，马上就被竞争对手抓住了机会。看到英特尔放弃 Super7 架构，AMD 的判断是不去跟随，继续深耕 Super7，继而发布了广受好评的 K6 芯片，实现了与英特尔主力产品正面竞争不落下风。

一个关键节点的变化之后就是一串连环操作。1998 年，AMD 宣布与摩托罗拉合作开发全新的半导体制造技术，为此后的工艺升级做好了准备。1999 年，AMD 发布了 K7 芯片，率先跨过了 1GHz 的大关，实现了性能上超越英特尔。

从几年前还在打能不能兼容对方架构的官司，到一举成为行业领先，AMD 的反扑印证了半导体格局往往看似严密，但变化也就发生在瞬息之间的道理。进入 21 世纪，英特尔自身的麻烦不断，新产品也陷入了与 AMD 的拉锯战中，双方在 2004 年还上演过"真假双核"的世纪难题。而另一个关键变局，是 2003 年 AMD 发布了 K8 芯片，这是 CPU 历史上首次实现了 64 位处理器运行，标志着 AMD 在与英特尔的 30 年战争中完成了历史意义的领先。

在今天，AMD 和英特尔的 CPU 哪个更好，已经变成了"甜粽子还是咸粽子"一样的难题。起因或许就是 K8 的划时代意义，让 AMD 不再被视为模仿者和追赶者。但是 AMD 并没有在 CPU 的宝座上稳坐多久，因为另一场战役开始了。

2020 年，美国封杀抖音的海外版 TikTok 引发了科技界的热议。而在十几年之前，这个类似钟表"滴答"声的词已经在科技圈广为传颂，那就是英特尔在 2006 年对 AMD 开启的 Tick-Tock 反击战。进入 21 世纪，多核 CPU 成了英特尔与 AMD 竞争的核心。围绕如何实现多核并联，AMD 和英特尔选择了不同的软硬件路线，这导致双方旗舰产品往往会展现出相当程度的差异化。而以核心技术起家的英特尔，在多线程的差异化竞争中展现出了更强的控制力。

2006 年，英特尔推出了著名的酷睿 2 处理器（图 3-18-1），实现了 40% 的效能增长，并且极大地降低了功耗。这一技术的突破，让 AMD 在性能上的优势荡然无存，甚至出现了酷睿 2 甫一上市，AMD 的 X2 一夜暴降的"惨剧"。

图 3-18-1　英特尔酷睿 2

更令人惊叹的是，酷睿 2 仅仅是英特尔"钟摆计划"的开始。根据这个计划，英特尔将每 2 年一次定时完成性能、功耗与工艺上的进步。这样消费者、硬件厂商与供应链可以准确预判英特尔的产品走向，从而极大地提升整个产业链的效率。

在芯片产业，精准的迭代升级可以被理解为戴着枷锁跳舞，这让英特尔的对手不得不跟随，也都走向了快速升级的道路。然而自身的研发与制造能力可能无法适应这种高速运转，于是又纷纷在疲于奔命中走上了不归路。

时至今日，"钟摆模式"依旧是芯片产业内饱受争议的现状。一方面它让芯片产业高速升级，疯狂运转；另一方面为了维持这种高速，产业界无暇喘息，艰难应付。很多体量与综合实力不足，但具有特色的半导体公司被淘汰，全球产业链分工进一步碎片化和流程化，芯片之争变成了一个不能有短板的残酷竞争。

回到 CPU 之战，钟摆战役成功把 AMD 逼退回第二位置，让英特尔的市场占有率遥遥领先。但失去了充分竞争的 CPU 战场，就与饱和了的 PC 市场一样，走进了另一种意义上的黄昏。

进入 2010 年之后，智能移动终端开始崛起。英特尔的判断失误和布局问题导致其错失了这个时代变迁。ARM 架构的崛起让 x86 无法延伸到移动端，高通、苹果、华为最终走到了 4G 时代的移动芯片三强。与此同时，CPU 市场营收伴随 PC 的饱和而滑落，数据中心和物联网成为新的变数。在这个阶段，微软正在越来越多地拥抱云与 AI，与英特尔的"文泰来"联盟出现了种种割裂的迹象。而 AMD 与英特尔的竞争也渐渐不被业界所重视——可能让两家体量极大公司经过数十年战争后最终和解的原因，就是争夺的利益最终变成了寂寞。

但是从另一个角度看，变革的声音正在加剧，但英特尔的核心技术优势依旧岿然不动，以至于变成了一种底层资源，一种计算的规则。这里面很大的原因在于，英特尔和 AMD 你来我往数十年的产业纷争，带动了各行业进入 x86 的产业体系里。竞争越激烈，x86 的可用性就越强，活力就越充足。用一代人的时间凝聚出的产业份额、技术优势和生态规则，不可能在朝夕间被推翻。

CPU 之战的另一面，是在双方的各自胜负里，外界看到了大量芯片战场上的"兵法"。比如如何寄居于开放生态完成从弱到强，如何最大化将技术实力变成商业武器。不下牌桌、等待机会、突破技术上限、拥抱产业变化，可能是赢得一场芯片之战的 4 个核心要素。在今天，PC、手机、服务器、物联网市场开始面临一系列全新变局，AI 带来了智能化的计算任务变革。芯片产业竞争逐渐出现产业多变化、国家干涉等复杂局面，摩尔定律的物理极限逐渐清晰。风云变幻，似乎一触即发。

图灵奖得主大卫·帕特森与约翰·冯诺依曼奖得主约翰·汉尼斯认为，接下来将是计算架构更新的黄金十年。

芯片的硝烟，从未散去过。

⑲ 显卡的战国与帝国

2020 年，英伟达推出了全新的 RTX 3090，引来大批游戏爱好者的惊叹，一时间抢购成风。但就在仅仅一个月后，AMD 踩点发布了 RX 6000，近乎所有媒体报道中都能看到"掀翻 RTX 3090"的字样。

对于游戏爱好者来说，N 卡和 A 卡孰优孰劣，又是一个近似"甜粽子还是咸粽子"的问题。几十年来，显卡可能无时无刻不处在"战国"阶段，但也确实一步步凝聚起了如英伟达这样的商业与技术帝国。

作为 CPU 之后现代计算第二大重要的产业门类，显卡代表的图像与图形计算也是信息革命的宠儿。与 CPU 相比，显卡的产业厮杀更有几分江湖气，阴谋阳谋也更为细碎真实。我们最熟悉的是集成在计算机中，与 Windows 相适配的独立显卡与集成显卡。虽然图形显示硬件的出现早于 Windows，但当时类似部件的主要用途是显示接口，而不是图形计算。

我们熟悉的显卡要到 1991 年才开始出现。当时 ATI 等厂商瞄准了 Windows 运行内存消耗大，可以负载重型图像任务的特点，推出了专门的芯片来处理图形计算，以此降低 CPU 的负担。当这种搭配模式逐渐被行业公认，伴随着 PC 产业的爆发，显卡大乱斗也随之开启。

与 CPU 这种核心部件相比，显卡有点类似内存，是一个门槛相对较低、处于 PC 产业下游的门类，某种意义上说，如果不是 IBM 和微软选择了这种 PC 模式，是不是有必要专门搭载一个图形计算芯片都可能是未知数。但从另一个角度看，显卡在 PC 发展中单独发展又是必然。随着 PC 性能的不断增强，以游戏为代表的 3D 需求势必崛起。尤其是索尼、任天堂等日本游戏大厂已经在游戏主机上做出了 3D 尝试，"3D 游戏 +PC"堪称势不可当。

这让一些尚且弱小的公司，都可以凭借 3D 游戏的崛起收获整个 PC 市场的红利，这在 20 世纪 90 年代中期是一块巨大的蛋糕。而应对这一趋势需要更专业的技术，以及打通产业上下游的生态。这导致显卡这个新领域开始了第一轮优胜劣汰。英伟达、ATI、Matrox、S3 等一系列厂商都在这个阶段高速发展，并且以"3D 显卡"作为自己主要的产品卖点。当时的开发端口也是一片混乱，各自为政，产业缺乏有效整合。而终结第一轮混乱的，是至今仍为很多元老级以及伪元老级玩家津津乐道的 3D 霸者——3dfx（图 3-19-1）。

图 3-19-1　3dfx

创立于 1994 年的 3dfx，非常符合大众对硅谷科技公司那种"流星一样的天才"的想象。他们在 1995 年推出的 Voodoo 2D+3D 加速卡，真正定义了到底什么是 3D。这款显卡一度占据 PC 市场份额的 85% 以上，在极短的时间内让 3dfx 成为显卡产业中的第一家垄断公司。1996 年，3dfx 又乘势推出了 Voodoo 2，这款显卡至今还被很多人称为"人类历史上最伟大的显卡"。它遥遥领先同行的品质，不仅让 3dfx 一时风头无两，更催生出了《雷神之锤》《古墓丽影》《极品飞车》这些游戏大 IP。

时至今日，很多硬件控都对坊间称为"巫毒 2"的那款显卡念念不忘，有人还在研究它的性能，有人为它打造博物馆。但不管我们如何怀念，都无法改变 3dfx 被收购进而宣告破产的命运。曾经是显卡产业的第一位霸者，但也成为最早退出历史舞台的那一位。这种西楚霸王的即视感引发了无数讨论，甚至滋养了大批阴谋论。但有一些 3dfx 的问题是显而易见的，比如他们十分不愿意推出廉价版本，给用户最好的同时也是最贵的。再加上 3dfx 宁死也不肯打广告、埋头研发不看对手、大获成功之后管理层膨胀等，一系列问题的累积最终导致显卡霸主黯然离场。

举个例子，1996 年成功推出 Voodoo 2 之后，3dfx 到 1999 年才推出了 Voodoo 3，而这空白的 3 年里，各路兵马蜂拥而起，很快掌握了 3D 加速卡的核心技术。其中最抢眼的就是黄仁勋等人在 1993 年创立的英伟达。

英伟达推出的 TNT 系列显卡，有主流的 3D 性能并且兼顾各个价位的市场需求，搭配丰富的市场推广攻势，比如 TNT 的广告直接打出了"Voodoo 2 杀手"这种字样。来自竞争对手的针对性围殴，加上 3dfx 自身不为所动的态度，最终导致"巫毒王朝"很快后继乏力。

时间来到 1999 年，3dfx 终于推出了 Voodoo 3，以及其他一些并不成功的产品。而英伟达则推出了 Geforce 256，这款产品定义了 GPU 这个专有名词，很快获得了 OEM 和整机厂商的青睐。从 Geforce2 系列开始，英伟达的众多产品都大获成功，攻陷了从高端到低端的不同市场。尤其需要注意的是，英伟达自始至终与微软保持了良好紧密的合作关系，比如把显卡驱动建立在微软的 DirectX 基础上，加入微软的生态，并成为忠实的一员。

今天，DirectX 生态已经成为 Windows 用户的常识。但在当时，3dfx 是拒绝加入 DirectX 的，反而搞了一套自己的 Glide 接口。在微软的操作系统地盘上，岂容他人建立生态？在这样的市场格局下，消灭 3dfx 就成了各方的共同目标。芯片战争中，封闭总是会被开放所淘汰。

2000 年，3dfx 宣布被英伟达收购，新王高调宣示了自己在这个领域的霸权。2 年后，3dfx 对外宣布破产，3D 时代创造者的神话如流星般滑落。但随之而来的并不是垄断，而是一场 A 与 N 的漫长竞争。

虽然今天英伟达已经牢牢占据了显卡市场的最大份额，但提起 A 卡和 N 卡的孰是孰非，玩家们还是坚定地认为"道不同不相为谋"。其原因可能是在漫长的交锋中，ATI 和英伟达都有一些产品和商业举措确实能打动人心，满足不同需求。而玩家们加入哪个阵营，往往取决于他们先遇上哪张显卡。

如果说，2000 年以前的显卡市场是群雄割据，那么 2000 年 3dfx 被收购，一众显卡厂商相继退出之后，整个市场就来到了楚汉相争的阶段。ATI 作为最早进入显卡市场的公司，凭借灵活的市场策略与准确预判，一步步在大战乱中生存下来，成为英伟达唯一的竞争对手。

早在 1985 年，创立于加拿大的 ATI 就已经进入了图形芯片领域，开始为 OEM 厂商生产显示芯片。这之后，相对远离硅谷主战场的 ATI，虽然没有引领什么行业突破，但每次也都紧随行业步伐，发布可以分割市场份额的产品。这种紧随且谨慎的策略，让 ATI 来到了 21 世纪的显卡之战中。

2000 年可谓显卡产业的千禧巨变。拿不出新王牌的厂商，就会像 3dfx 一样退场，但好在 ATI 完成了这次交卷。这个改变 ATI 命运的产品是 Radeon 显示核心。它具有一系列业界先进的特性，并且首次支持 DirectX 7.0。名字至今被保留下来的 Radeon，让 ATI 的旗舰级产品达到了行业顶级水准，一举建立了与英伟达楚汉相争的局面。

但在英伟达的硬核实力与商业谋略的双重打击下，ATI 的日子并没有一帆风顺。芯片制造是一门平衡的艺术，过于强大的产品可能会带来过大的投入，最后反而将自己逼上绝境。在此后的多年竞争里，虽然英伟达的产品力异常惊人，一步步打到 ATI 仓皇应付，但 ATI 高企的开发成本与艰难的营收能力才是拖累自身发展的关键。

2006 年，与 3dfx 被收购时的高调不同，ATI 突然间传出了将被收购的消息，当时大多数人都认为是谣言。可是到了 2006 年 7 月，ATI 突然宣布被 AMD 以 54 亿美元收购，显卡界的红色巨人突然倒塌。而就在同一年，英伟达推出了被称为性能怪兽、放在今天也不太过时的 GeForce 8800。一举将双雄争霸变成了一家独大。

好在 N 与 A 的角逐并没有就此结束，被 AMD 收购的 ATI，整合了 AMD 的图形计算部门与研发资源，重新变得兵强马壮。英伟达与 AMD 的竞争，成为显卡界涛声依旧的主旋律——最主要的是，A 卡也还叫 A 卡。历数双方十多年来几十个回合的产品较量，可能会让读者看着眼晕。这其中，英伟达在一次次竞争里傲立潮头的商业方法，可能更值得关注。

如果说高门槛的 CPU 之战是大国攻杀的你来我往，讲究的是时机、生态、技术底蕴，那么显卡的芯片之战则更有武侠的味道，比的是快准狠，甚至不惜动上一些小心思。而这种风格的起源，可能就是英伟达的崛起之路。通观英伟达在一次次竞争中的胜出，可以发现独特的商业策略在其中占据了很大成分。

比如追赶 3dfx 的关键时刻，英伟达就采取了多样化定价、高强度广告、踩点发布三大"技术外的方法"。在这种模式下，英伟达的产品是直接与最终用户建立期待和联系的，它们既满足了不同用户的购买需求，又通过广告与宣传占领了用户心智，催生购买欲望。要知道，作为 OEM 和 PC 配件的显卡，本质上是一个 to B 生意。但英伟达却率先将牌打到了大众消费者那里，通过市场回馈确保自身商业利益得到满足，再通过商业利益加大研发，以此建立良性闭环。

这三大方案到后来愈演愈烈，逐步变成了英伟达的招牌与争议。

比如多样化定价，根据厂商需求推出显卡型号的灵活市场策略，变成了后来英伟达的一大特色——无穷无尽的套娃式马甲。每一款英伟达显卡都有一大堆版本、型号与订制化版本，一般人根本分不清。这样做确实最大化满足了市场需求，但也成了英伟达为人诟病的问题。

而踩点发布这件事，也被英伟达玩出了新高度。在主要竞争期，英伟达可以每次都比对手提前不久发布产品，并且在发布会上高调对比竞品。当这手绝活逐渐成为显卡的"行规"，也就衍生出众多尔虞我诈。比如 2002 年，ATI 在发布了

R200 之后很快就发布了迭代的 R300 产品。行业普遍认为这就是在用前代产品麻痹英伟达。当英伟达以为一轮竞争结束后，突然杀出来的新产品令人猝不及防，于是英伟达只能仓促拿出 FX 系列迎战，这也被评为英伟达最失败的一代产品。

英伟达另一个广为传颂的特点是"黄氏速度"。我们知道，摩尔定律是 18 个月一更新，英特尔的 CPU 产品是 2 年一更新。而唯独在显卡领域，黄仁勋提出了激进而疯狂的"半年更新，一年换代"。这当然与英伟达的技术实力密不可分，同时也是基于英伟达的市场份额优势，把显卡市场推上最疯狂的竞争模式里。在这样的迭代速度下，英伟达可以保持循环，但竞争对手只能疲于奔命，进入上牌桌就资本不足，下牌桌就被市场淘汰的残酷境地。一套精准有效的"黄氏竞争法"，让英伟达保持不败数十年。但依旧有一个令其困扰不已的梦魇，那就是显卡的未来到底在哪？

如今的显卡发布会虽然依旧热闹，但其实早已不是科技行业的焦点。这里的一个重大问题，是英伟达和 AMD 都没有抓住 2010 年前后崛起的移动风潮，最终 ARM、高通、苹果几家分割了移动端的 GPU 模块——大势已定，时代变了。

游戏显卡是一个核心市场，但也是一个天花板不高的市场。其实这个问题英伟达不是没有预见，并且相比于 AMD 的固守"CPU+GPU"市场，英伟达也真的走出了一条新路：人工智能。

早在 21 世纪初，英伟达就对 GPGPU，也就是 GPU 通用计算产生了浓厚的兴趣。在计算的新时代，CPU 代表的经典计算正在一步步暴露范围的有限性，而 GPU 在一些科学家与英伟达看来，显然具有更广阔的未来。2006 年，英伟达推出了 Tesla 架构，这个架构更适合进行基于 GPU 的通用计算，并且随后推出了相应的编程环境。这步闲棋在当时仅仅迎来了学术界的重视，但在几年后却意外获得了爆发的机会。

2012 年，辛顿等人证实了深度学习的产业有效性，开启了第三次 AI 崛起的浪潮。而在进行计算的时候，AI 科学家们显然不能用传统的 CPU 来进行。结果在这种情况下，英伟达的 GPU 在新架构加持下成了唯一的选择，并意外地好用。坊间也有传闻说，是英伟达的科研人员闲着无聊时在 GPU 上跑 AI 发现了惊喜，继而推荐给学界。无论怎样，英伟达的 GPU 都成了深度学习崛起的很多年里唯一的计算工具，直接准确卡位云计算与数据中心的 AI 计算市场。

实践证明，GPU 确实具备通向更广阔世界的可能性，而 AI 的到来也给计算产业带来了变数。目前，用于训练的 AI 芯片除了英伟达外，还有谷歌的 TPU 与华为的昇腾系列。新的市场竞争格局逐渐发展，产业变局一触即发。对于英伟达来说，AI 可以说是一个天赐的机会，但能否抓住这个机会，可能还需要其跳出舒适圈，进行一系列适配 AI 的产业变化。很多 AI 开发者都在吐槽"天下苦 N 卡久矣"。对用于 AI 计算的板卡、测试卡，英伟达的商业思路与显卡一样，也是层层授权、随意贴牌、优先供给大客户，这导致开发者们很难买到合适的产业级 GPU。

再向前看，我们会发现物联网芯片很可能是最适合英伟达的下一片天空。因为物联网与显卡一样，都具有产业节奏快、产品马甲众多、需求多样化、门槛较低的特点。

昨日的显卡之王，会是今天的 AI 之王吗？又会是明日的物联网之王吗？让我们静观其变吧。

⑳　移动芯片的"吃鸡"游戏

由《绝地求生》开启的"吃鸡"游戏玩法，如今已经蔚为大观，成为各平台游戏的主要玩法之一。这种游戏规则要求大量玩家在游戏开始时共同进入，然后用地形缩小、游戏难度提升、玩家间战斗等方式进行淘汰，最后留下来的那名玩家获得胜利。在游戏中"吃鸡"，毫无疑问是刺激的；但在现实的商业世界里，成为被不断缩小的"毒圈"淘汰掉的一员，可能就不那么有趣了。

在芯片相关的众多赛场上，最像"吃鸡"游戏的当属移动芯片。在手机设备尚且简陋的年代，移动芯片并没有很高的开发门槛，因此引来大量玩家加入。而当通信能力增强，移动终端承载的任务不断增加，移动芯片的工艺、技术、商业门槛也水涨船高，"留在圈里"的条件越发苛刻。众多曾经响亮的芯片制造商，都在移动浪潮中成了过往云烟。另外，移动通信有 3G、4G、5G 这样的代际分隔，这就让每一局"游戏"有了时间限制。每一次代际更迭，往往就是旧玩家被淘汰，新玩家进场的机会。

在中美科技摩擦加剧后，移动芯片的战略位置开始逐步浮现；而 5G 进入落地阶段，也给移动芯片产业带来了新的变数。这时候回头看看数十年间的几局"吃鸡"，或许对于理解接下来的游戏变化十分必要。

从草莽江湖到几家分野，移动芯片的黄金时代，江山如画，一时多少豪杰。

粗略来看，移动通信的代际与公元纪年大略相等。比如 20 世纪 80 年代可以看作 1G 时代，90 年代开启 2G，依次类推。需要强调的是，随着移动通信代际更新，每一代的时间开始缩短，比如 4G 到 5G 的速度明显加快。另外，中国最初的 1G、2G 网络建设，相比欧美国家有明显的滞后，在 3G 开始加速追赶，到今天的 5G 已经全面领先。按照这样的时段分隔，我们可以把移动芯片产业划分为 4 个 10 年周期。在最初的 1G 模拟机时代，由于通信内容基本限于通话，端侧芯片的存储与计算能力并不重要，所以移动芯片产业仅仅产生了萌芽。彼时摩托罗拉是全球移动产业霸主，占据了超过 70% 的市场份额，而其半导体产业也能满足移动端的需求。

那种设备的名字，恰好可以形容 1G 时代的摩托罗拉——大哥大。

但一家独大的局面从来也不能长久。1982 年，欧洲电信标准化协会（ETSI）的前身欧洲邮政和电信会议（CEPT）成立了移动特别行动小组，开始推动全球移动通信系统（Global System for Mobile Communications，GSM）协议的建设。GSM 协议采用数字式的信令和语音通道，让移动终端可以实现发送短信等数字化功能。最终 GSM 协议被全球大部分国家和地区接受，成了 2G 时代全球标准化的赢家。而 GSM 带给芯片的影响在于，移动终端设备的复杂度陡然上升，对芯片的需求一下子加大。并且随着标准化体系的推出，可以有更多终端设备进入市场，对芯片的需求也随之增加。能够处理手机数字化任务的芯片，一下子成了半导体产业的新风口。

这时大量老牌半导体公司与通信公司纷纷加入了游戏。GSM 标准推出后，最大的收益方是欧洲。诺基亚、爱立信、西门子、飞利浦、阿尔卡特等欧洲企业都在基站与终端之后，将手机芯片纳入了产业版图。而在美国，德州仪器、ADI、美满电子、高通等大批企业也在 20 世纪 90 年代加入了移动芯片的战局。由于 2G 终端赛场上呈现出一众欧洲企业对抗摩托罗拉的态势，因此美国的芯片厂商也在这个阶段更多地拥抱欧洲终端品牌。欧洲市场的移动芯片竞争一下子激烈起来，芯片企业之间呈现合纵连横的乱战。由于 2G 移动芯片的入场门槛不高，技术难度在当时也比计算机芯片、显示芯片低很多，加上终端厂商的选择较多，单一公司的市场不会很大，导致整个市场毛利率很低。这让很多 2G 时代的移动芯片公司昙花一现，不少在 21 世纪到来前转向他路，或者干脆倒闭。

在那个草莽江湖的时代，终端产业的结局是北欧新贵诺基亚掀翻了摩托罗拉。但在芯片产业，美国公司却凭借优秀的市场嗅觉与创新能力，打断了欧洲半导体企业就近取暖的产业优势。高通和德州仪器成为 2G 乱战中笑到最后的赢家，基本收割了 GSM 和 CDMA 两大主流市场。但在 3G 时代，高通的锋芒才真正展现出来。

如今，高通已经控制了绝大部分安卓手机的芯片市场，成了号称"高通税"的存在。但在 2G 时代初期，高通还仅仅是跨行来到半导体产业的新兴公司。当时与高通竞争移动芯片的公司，今天大部分都已经遭遇遗忘。与当时的竞品相比，高通的远见和灵活，可以说是其在 2G 后期崛起，连续在 3G、4G 时代席卷江湖的关键。

创立于 1985 年的高通，起家是做基于 CDMA 技术的移动通信系统。最初高通的主要客户是军方和运输公司，提供的产品大多是交通设施中的卫星通信设备。缺乏半导体产业积累的高通，却在移动通信制式的理解上有着自己的优势。这一点的直接结果是，早在 20 世纪 90 年代初期，高通就相信 CDMA 将是未来的主流，欧洲人的 GSM 并不能持续一统天下。

与 GSM 的窄带通信相比，CDMA 制式能够有效提升通话质量，并且能够通过蜂窝网络传输相对较大的数据，这让移动终端连接互联网成为可能。笃信CDMA价值的高通，不断向业界各运营商、终端厂商和政府组织"安利"CDMA。最终在高通等企业的推动下，20世纪90年代初，美国通信工业协会采纳了CDMA标准；到了1999年，国际电信联盟把CDMA选择为3G网络的主要标准化技术。

押中了CDMA的高通，可谓鲤鱼跃龙门。在2G后期，高通就开始不断扩大基于CDMA标准的移动芯片与网络设备市场。1998年，高通和Palm联合开发了PDQ，成了全球首款CDMA技术基础上的终端设备。虽然这款设备问题众多，但高通的一系列前瞻性布局，还是准确收获了3G时代的先发优势，超越了德州仪器等一众对手。

若干年后，高通在面向4G时代时又准确推动了LTE制式，使其最终在全球移动芯片产业占据了绝对的主导地位。然而高通在3G时代的成功，并不仅仅在于猜对了通信标准。21世纪初，高通推动了另一项影响移动芯片格局的变化，那就是手机芯片的SoC化。所谓SoC（Systemonon Chip），是指在一个专用集成电路上集成多种计算系统与相关软件。今天的移动SoC芯片，一般包括CPU、GPU、DSP、RAM、通信基带、GPS等部件。移动芯片的SoC化，简单来说就是将原本需要放在手机中的众多部件，尽量集成在一张芯片中。于是原本又重又厚的手机可以变得轻薄，这也为后来手机放置大屏幕和大电池提供了可能。

1999年，摩托罗拉发布了天拓A6188手机，搭载了摩托罗拉自主研发的Dragon ball EZ芯片，行业认为其开启了手机智能化的先河。而在同一年，高通完成了多媒体CDMA芯片和GPS的集成，将手机的多种功能结合。随后，高通开始不断升级芯片的集成化水准，通过引领SoC趋势，大幅提升移动芯片的处理能力和能耗水准。

如果说没有后来的变局，高通不断提升移动芯片集成化的动作，可能只会加剧行业竞争，拉高技术门槛，至少不会形成分水岭式的大淘汰。这一变局就是智能手机的真正到来。2007年，安卓和iOS相继亮相，新一代操作系统让手机的跨时代发展呼之欲出，而高通又一次准确押中了安卓的潜力。在2007年，高通推出了今天依旧通行的骁龙平台，把移动芯片的集成度、性能、功耗都推到了新的水平。骁龙处理器天然就瞄准安卓而生，2008年，高通与HTC合作推出了全球第一款安卓智能机。几年之后，骁龙横扫千军如卷旗，再也没有传统的芯片厂商能够在安卓平台与高通竞争。在高通狂飙突进的这些年里，2G时代留下的移动芯片江湖，迎来了这局"吃鸡"游戏的末路。

2002年，阿尔卡特的移动芯片部门并入意法半导体；2006年，飞利浦半导体独立运营，成立了恩智浦；2008年，恩智浦的无线部门又被剥离，与意法半导体成立合资公司；2009年这一公司又与爱立信手机部门合并；一直到2013年，这家"保存"了欧洲移动芯片星火的公司意法—爱立信正式关闭，欧洲半导体从此告别了移动芯片。

而高通2G时代的老对手，曾经业界实力最雄厚、产品线最齐备的德州仪器，也在这一周期摔落下马。本来德州仪器拥有2G王者——诺基亚手机作为稳定客户，堪称业界最强组合。那时候流传着一出城只有诺基亚有信号的都市传说，缘由就是德州仪器提供的强大通信能力。

奈何当诺基亚家大业大之后，不再满意德州仪器的高额定价，转而寻求多供应商体系。而市场众多、布局广泛的德州仪器也不想在移动芯片上被一再压价，毕竟这对德州仪器来说，是一个更新快、油水少的产业。

2008年，与诺基亚屡次谈崩的德州仪器宣布退出移动基带市场。这给诺基亚造成了巨大打击，只能重新开始搭建供应商平台。结果也就在这个周期中，苹果的iPhone拍马杀到，安卓手机开始崛起。内忧外患之下，诺基亚迎来了"谁都会被时代抛弃，诺基亚也不例外"的长夜。而诺基亚后来的供应商——意法半导体和英飞凌也被牵连，陷入了一蹶不振的旋涡。

历史是没有如果的。但是如果德州仪器和诺基亚抱有远见，看到了移动时代后来的"真香"，故事会不会完全不一样呢？我们是不是将拥有又智能、又能砸核桃的诺基亚呢？可惜技术进步的车轮不给我们假设的机会。

CDMA、SoC、安卓、高通在十多年里，先后抓住了通信标准、芯片技术、移动操作系统迭代三大机会，完成了众星闪耀到一月当空的产业清洗。欧洲的半导体联盟、强悍的德州仪器，甚至 2019 年宣布退出 5G 基带市场的计算之王英特尔，都输给了能看准未来，并且精巧推动未来的高通。

但是高通并没有从此走向垄断的宝座，因为苹果居然开始做芯片了。

如今连计算机芯片都能自研的苹果，在十几年前却被认为是没有芯片基因、强于产品设计的终端公司。这点最显著的体现，就是 2007 年刚刚发布的 iPhone 第一代，虽然具有跨时代的设计与创意，却连 3G 网络都不支持。当时为了赶工并且控制成本，苹果选择了英飞凌提供的基带芯片来护航 iPhone 首发。但英飞凌提供的解决方案实在不太令人满意，给初代 iPhone 带来了众多通信问题。

前几代 iPhone 由于市场规模还不够成熟，无法像老牌终端厂商一样找到稳定合作且价格合适的芯片供应商，导致品控出现大量问题。这让追求完美的乔布斯开始谋划另一条惊人之路：自研芯片。饱受英飞凌芯片折磨，可能也给乔布斯带来了一些火气，在英飞凌将移动芯片业务卖给英特尔之后，苹果方面表示可喜可贺。

最开始试水芯片，苹果选择了更谨慎稳妥的方案，先不放在手机上，而是搭载在 2010 年推出的初代 iPad 中。苹果自研的 SoC 芯片 A4，一出手就将此前 iPhone 中的集成方案打翻在地，获得了不俗反响。紧接着 A4 芯片就搭载到了 iPhone 4 中，宣示苹果正式进军移动 SoC 这个越发白热化竞争的产业。过了一年，A5 芯片可谓是苹果自研芯片的全面胜利（图 3-20-1），也让芯片成为苹果产品竞争力的真正核心。A5 芯片在当时的宣传中说 GPU 能力比前一代提升了 9 倍，搭载 A5 的 iPhone 4S、iPad 2 也都成为苹果最受好评的产品。

图 3-20-1　苹果 A5 芯片

接下来连续推出自研芯片，让苹果在产品能力上有了更强的订制化特性，与高通阵营的安卓机形成了越发鲜明的对比。在早期，苹果的自研芯片被认为重视GPU能力，轻视CPU能力，从而可以与iOS的系统优化能力紧密结合，既保证用户体验，又能够降低成本。近几年，A系列芯片也开始逐渐寻找新的方向，比如搭载AI仿生计算模块，提升iPhone的AI计算能力。如今，苹果A系列芯片已经成为每年发布会的核心卖点之一。由于芯片的自研特性，苹果可以将硬件、软件、系统进行更好的一体化定制，并且打通手机、平板、电视、计算机等设备的联接特性，可以说是苹果移动时代的一步好棋。

苹果入局移动芯片，也给业界带来了不少影响。比如高通感受到了明显的压力，与苹果展开了数次嘴炮攻击，还打起了专利官司。自研芯片也让苹果设备难以在硬件层面与安卓设备进行参数对比，加大了苹果的溢价合理性，可以说间接瓦解了很多小厂商的数值优势。

但是本身没有通信产业积累，也带给苹果不少麻烦。无法自研通信基带，只能采购高通和英特尔的基带，从而造成通信能力品控较差，成了多代iPhone的通病。苹果的尴尬之处在于，不想买高通基带，但英特尔的基带继承了英飞凌的传统，时常掉链子，最终演变成安卓粉攻击苹果的重要方式。

来到5G时代，英特尔干脆退出了5G基带市场。据说苹果已经消化了英特尔的5G研发部门，也许另一场科技战争就要上演。

当时间进入4G后半程，5G的初时代，2G时代那种有一个技术特色，两三家客户就能做手机芯片的草莽江湖已经一去不复返。在数十年的滚动发展中，尤其进入智能手机时代后，指甲盖大小的移动SoC芯片，已经变成了技术最复杂、精度要求最高的作品。在高端芯片中，5nm已经成为标配，这仅仅在几年前恐怕都是不可想象的。

至此，移动芯片彻底进入了重型装甲的时代，这门生意也变成了地球上门槛最高，甚至具备国家级战略意义的产业体系。有趣的是，移动芯片在4G时代并没有迎来高通和苹果的最后决战，反而玩家开始增多。

新入场的两名玩家是三星和华为。在初代iPhone发布时，应用的就是三星

CPU，这让三星的半导体能力在移动端得到了首次展示机会。2011 年，三星推出了 Exynos 4210，正是依靠 Exynos 系列进军高端移动 SoC 市场。

而我们更熟悉的故事，是华为海思在 2012 年发布了首款四核处理 K3V2，但限于制程落后和产品瑕疵，这款芯片并不成功。随后升级版的 K3V2 大幅升级了制程，并以麒麟 910 的名称发布。这款芯片大幅提升了 GPU 性能，弥补了短板，并且集成了华为自研的通信基带。至此，华为依靠自研芯片打开了高端机市场，一直到最新的麒麟 9000。

在 4G 这个周期中，能够进场的玩家都是具备自身终端能力，能够消化自研芯片成本，激活订制化优势的苹果、三星、华为。老派的高通虽然占领了大量市场，但依旧需要在中高端芯片中面对前三大终端厂商自研芯片体系的竞争。

另外，重剑时代的移动芯片在技术体系上越发复杂。比如从 2017 年开始，AI 能力被纳入移动 SoC 中，成了几大芯片厂商的主要争夺点。5G 时代的到来，又一次引发了通信基带的竞赛。苹果晚了一代才推出 5G 手机，已经给销量造成了不少麻烦。5G 时代，移动芯片的"吃鸡"游戏变成了一场需要高度平衡的走钢丝。性能、制程、功耗、AI、通信能力、创造性技术，若干门考试必须全都拿到高分，才有在核心赛场生存的可能。

总而言之，开了 4 局的"移动芯片吃鸡"并没有结束的迹象，5G 时代的开局甚至比以往更加热闹和残酷。回顾这盘"游戏"，会发现那些看似霸者无敌的名字，一旦错过了新技术、新标准，沉入谷底也就在旦夕之间。摩托罗拉、诺基亚这些当年的王者和他们背后的芯片体系，今天也只剩下了总结经验的价值。

无论多么微小的力量，只要寻找到了合适的技术革新机遇、代际更迭窗口，其实也有翻盘的可能，从飞利浦、诺基亚，到高通和苹果，莫不如此。

时代也在给移动芯片以新的变化。比如高端手机 SoC 芯片确实已经筑起高耸的技术门槛。在缺乏产业链、终端市场保护与技术体系化能力的情况下贸然进入，在今天大概率是死路一条。所以也大可不必期望某个名不见经传的创业公司，一下子出来脚踢高通拳打苹果，毕竟时代真的变了。反而是 AIoT 这些今天还处于萌芽阶段的芯片领域，或许可以被赋予更多期待。

今天的趋势是什么？中国有最多的 5G 基站、最优质的 5G 网络、最庞大的 5G 终端用户群体，这可能也是趋势的一部分。

国家出手干预手机芯片，这也是历史未有的新变化。当智能手机不断展现出对社会发展力的影响，移动通信和移动芯片开始被纳入国家战略视野。中美之间的科技摩擦，一个主题是美国防中国 5G，另一个主题是美国封中国芯片。二者的交叉之处，恰好就在移动芯片上。

华为海思的麒麟，首当其冲受到了影响，遭遇了很多不确定性。但就像 20 世纪 90 年代的欧洲，没有摩托罗拉这样的全能企业，一样可以推动 GSM 体系；2007 年的苹果，用着落后几年的基带，一样发布了跨时代的 iPhone。新的东西，似乎没有被旧体制封锁过。

神州子弟多才俊，卷土重来会有时。

下篇

中国半导体突围进行时

第四章

突围战场

前面我们回溯了半导体历史上一次次的博弈与对决，现在让我们把目光拉回今天，回到牵动着中国科技发展的半导体突围。客观来说，中国虽然是全球半导体消费第一大国，并且是唯一可以持续保持高速增长的半导体消费市场，在半导体设计、研发等领域也处在顶尖水准。但回到半导体产业的后端，在制造、设备、原材料等关键领域，中国不仅和国际一流水准有着较大的差距，还面临着十分苛刻的外部环境。

所以，中国芯片面临的是突围战，是在重重挑战中探索出一条独特的芯片之路。这听起来很难，但芯片战争的历史告诉我们，这个行业往往会发生"奇迹"。与此同时，中国也在科技舞台上屡屡上演过惊喜。理解中国芯片突围的第一步，是冷静观察我们所处的环境，或者说战场，分析一个国家如何从相对弱势的区位完成"芯片逆袭"。

举目四望，我们能看到一道道无形的芯片枷锁，也能看到变革的气息从时代间隙吹来。

21 封锁中国芯片的"瓦森纳"

中美科技摩擦发生以来，芯片成了最关键的"卡脖子"问题，大众对中国半导体的关切程度也一下拉到了最高。

在围绕芯片的争端发生后，很多人会问："美国不卖芯片了，我们不能从其他国家买吗？或者我们不能买了设备自己制造吗？"

稍微查找一下资料，就会发现这个问题将引出一个名字——《瓦森纳协议》（图4-21-1）。

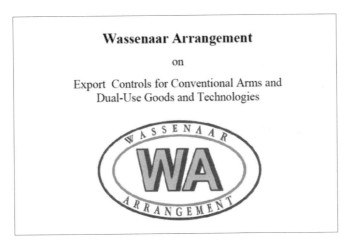

图 4-21-1 《瓦森纳协议》

基于这份协议，由包括美国、日本、俄罗斯和欧洲部分国家在内的 42 个缔约国，禁止向其他国家输送军事技术，以及航空、航天、信息技术、生物工程四大民用领域的核心技术。中国半导体目前所面临的局面是，几乎无法向所有参与半导体产业链的国家购买尖端技术和相关设备。《瓦森纳协议》变成了中国半导体技术的紧箍咒，一道无形却有质的中国芯片"空气墙"，也有人将瓦森纳体系称为包围中国发展的"第四岛链"。

但如果我们换个角度想想，今天中国芯片清晰地感受到了来自美国长臂管辖和瓦森纳体系的"卡脖子"，是因为中国的产业与技术发展触碰到了这个体系的边界。如果中国芯片毫无发展、困守孤岛，那感觉到的将不是"紧"，而是"贵"——芯片与系列附产品将悄无声息地溢价，成为中国经济的吸血蚂蟥。

"卡脖子"的感觉，来自中国的产业链与技术能力已经跟瓦森纳体系发生了触碰和矛盾。在这种情况下，在讨论中国半导体的突围前，或许应该先了解这个环绕着中国芯片，甚至中国科技的"包围圈"究竟是什么样子。

大家可能听过"冷战遗物"的说法，《瓦森纳协议》以及其所构建的技术封锁体系，就是一项标准的"冷战遗物"。1949 年，美国为了带领西方国家抗衡苏联，提议建立一个全面管控向社会主义国家出口高科技与战略物资的体系，这就是由 17 个西方国家在巴黎成立的巴黎统筹委员会，也就是《瓦森纳协议》体系的前身——巴统。

巴统时期确立了高科技封锁的基本原则和工作流程，比如动态化的管控清单，向被限制国出口时采取成员国一致同意后才能签发出口证的规则，删除或增加管控品需要成员国一致同意的规则等。巴统时期，电子设备就与重要工业机械、化学品、石油等一起被列入了民用管控品范畴，成为当时限制社会主义国家技术发展的"科技铁幕"。

苏联解体后，俄罗斯经历了一段与美国等西方国家的"蜜月期"，其中的代表性事件就是巴统的解体与重构。1994 年 3 月，由于"冷战"结束，各国进出口需求激增，巴统体系内的大量成员国对严苛的进出口规则提出了反对意见，这一组织宣布解散。两年后的 1996 年 7 月，经历了漫长的谈判后，美国牵头构建了一个囊括俄罗斯与东欧国家的，急需延续高科技出口管控的组织。33 个国家的代表在荷兰瓦森纳签署了新的协议，这就是《瓦森纳协议》的由来。

随着后来印度、南非、墨西哥等国的加入，《瓦森纳协议》基本囊括了所有西方国家，以及制造业相对发达的国家——唯独中国除外。《瓦森纳协议》并不是国际法或者国际公约，没有法律基础的保护，仅仅是成员国之间基于共识而执行的某种贸易规则。它以不具备法律约束力的方式，规定了成员国面向非成员国出口被管制项目时，必须向其他成员国通报详细信息。并且这个协议也延伸到了公司并购和人才聘用领域，比如要求成员国必须通报被管控领域公司的并购和参股情况，以及被管控领域不能聘用非成员国国籍员工。

从理论上说，虽然《瓦森纳协议》体系面向的是除了 42 个成员国之外的所有国家。但在几大被管控的民用领域与科技领域，真正有强烈技术发展需求的可能就只有中国了。这个冷战遗物在重新构建之后，依然有浓厚的意识形态对抗色彩。而快速崛起的中国成了苏联之后，在技术管控体系中最大的，甚至可以说是核心的封锁对象。从《瓦森纳协议》的管控清单来看，其在民用领域囊括了先进材料、材料处理、电子器件、计算机、电信与信息安全、传感与激光、导航与航空电子仪器、船舶与海事设备、推进系统 9 大类，每一类又按照设备、测试设备、材料、软件、技术分成 5 个层次，并且清单内容还在不断更新。

随着信息化产业的发展、智能时代加速到来，芯片成了《瓦森纳协议》管控体系的封锁关键。在所有高端民用科技当中，芯片是市场最大、流通性最强、对经济发展影响最深刻的产品。半导体产业已经成为国家发展的引擎，一切信息技术、互联网、通信、高端制造、产业数字化都无法离开半导体的根基。而中国已经成为全球最大的芯片消费市场，以及规模最大的芯片加工和使用国。

换言之，瓦森纳体系最初不是为中国而设，也不是为半导体而建。但到了今天，中国半导体产业却成为这个冷战产物最大的"受害者"。其间的逻辑，既有政治局势发展的偶然性，也充斥着全球格局变化中的必然性。由于瓦森纳体系的限制，中国半导体产业无法引入先进的半导体制造技术、制造设备以及检验、封装工艺。已经有不少中国半导体企业在国际市场采购中遭遇了瓦森纳体系的直接阻挠，这直接导致中国大陆的半导体制造技术落后国际领先工艺 2～3 代。

但包围中国芯片产业的瓦森纳体系并非静止不动，也并非无懈可击。前面说过，巴统之所以解散，就是因为其过于强调国际对抗，给全球贸易带来的影响太大，严重制约了缔约国的利益。就像巴统变成了过时的产物一样，《瓦森纳协议》也有 20 多年的历史了，已经开始出现一系列与各国利益、国际市场趋势不符的特性。

瓦森纳体系本身已经比巴统时期更为松散，是一份缺乏法律约束力的多边管控制度，其运行原理是各国自行决定进出口物品，只需要向缔约国进行通报即可。虽然在实际运行中，瓦森纳体系远比理论上更严格，但其对运行机制的模糊化界定，也展现了这个体制内具有松动的空间。而且"巴统—瓦森纳体系"也随着国际外交局势的发展，不断改变着对华政策。20世纪80年代，处于大环境改变，巴统就对中国实行过放松政策，法国等国希望与中国建立军事合作。但随着美国的干预，巴统对中国的"松绑"不久后就宣告结束。

整体审视瓦森纳体系，会发现在三种情况下，这一体系将出现所谓的"漏洞"，导致缔约国与非缔约国之间实现技术与产品的流通。

1. 各国家和企业的利益诉求不均衡

20世纪90年代巴统解散，核心原因就是美国在这一体制内具有过度的裁量权，直接损害了各国与主要企业的出口利益。在瓦森纳体系中，也就自然强化了各国独立的决定权和执行权，只需要向瓦森纳体系进行通报。在贸易利益的驱动下，各国家、企业、产业组织的利益诉求点自然也会产生差异。各种"曲线贸易""各说各话"也就成了可能，比如，挪威和日本都曾向苏联出售所谓的违禁技术和设备。中芯国际在采买半导体制造设备时，也曾经和比利时微电子研究中心（IMEC）合作，间接引进ASML相对落后的材料和设备。听起来很心酸，但也间接证明了瓦森纳体系存在的缝隙。

2. 瓦森纳体系内的信息差，跟不上新技术发展

瓦森纳体系是一个基于成员国定时沟通的非约束性组织，这就导致这个组织内的讨论与行动经常是滞后于产业发展的。某种程度上来说，企业研究出了最新的技术和产品，并不会想着第一时间交付国家，然后提交瓦森纳体系进行讨论备案。毕竟提交就等于封禁了中国代表的广大市场，纯属自断财路。在这种运行机制下，瓦森纳体系的管控清单在飞速发展的科技下总是显得滞后几步。而这关键的几步就给国际科技合作带来了宝贵的可能。最具代表性的案例，可能是英国的ARM通过永久授权芯片指令集的形式进行半导体技术流通，跟以往的产业形式产生了极大变化。这种创新就没有被纳入瓦森纳体系，给中国半导体产业发展提供了重要的外部助力——这也是为什么AMR与中国的纷争会显得尤其重要。

3. 国际关系发生变化，与瓦森纳体系产生矛盾

瓦森纳体系管辖的范围很广，涉及大量可以产生贸易价值的民用技术与产品，这就导致一旦国际政治、贸易关系发生变化，对瓦森纳体系的界定就会处于摇摆中。比如虽然目前中美关系紧张，科技摩擦不断，但在奥巴马时期，美国一度传出了希望中国加入瓦森纳体系，取消对华技术管制的声音。再如日本始终在对华技术出口中保持与美国高度一致，采取极其谨慎的态度，但在日韩贸易摩擦当中，政界与半导体产业都表达过希望加强与中国半导体的直接合作，打击韩国的半导体产业链。国际局势始终因利益而改变，也不必将一时的情况当作永远。

这些"缝隙"的存在，至少表明瓦森纳体系并非一个严苛到极致的准军事化，或者有法律依据的封锁体系，其成员国之间、国家与企业之间、产业链之间充斥着不同的利益诉求与变化发展的可能性。

这道中国芯片的空气墙确实很硬，但只是栅栏，并非铁板。

其实从根本上来说，全球第二大经济体，世界最大的高科技消费市场，被榜单前40的其他所有经济体进行技术封锁，这本身就是一个非常畸形的秩序。《瓦森纳协议》从侧面展现了不少事情，比如中国的核心科技发展难度真的超乎想象，再如有人说这个协议就是目标清单，把中国要发展什么都标注清楚了。面对瓦森纳体系和越发严峻的国际科技争端，确实没有必要抱有幻想，该自己发展的终归一件也不能落下。而在面对瓦森纳协议背后的科技霸凌与技术不平等时，仅仅高呼反对也不能解决问题。正视局面，思考这道空气墙的内部机制和动态变化，也许才是撬动它的开始。

从以往案例来看，瓦森纳体系所执行的一个核心机制在于，其归根结底是以美国意志为导向的。"美国希望封锁"才是封锁的实质，极少看到欧洲或者俄罗斯在体系内实行否决权。最著名的案例是，2004年捷克批准了向中国出口价值6000万美元的雷达系统许可证。按照瓦森纳体系的以往标准，这宗交易已经通过。但随后几天在美国的暗中干预下，捷克方面突然取消了合同。可见规则并不重要，"美国意志"才是根本。

更露骨的表现在于，美国也面向很多理论上被管制的国家和地区提供以军火

为主的贸易。瓦森纳体系并不约束美国，这是另一个需要正视的地方。还有一点，《瓦森纳协议》并不是美国进行科技长臂管辖，实现对中国科技封锁的唯一途径。中芯国际无法购买 ASML 先进光刻机的另一个理由是，其中有美国的核心装置和专利技术。自美国在 1977 年通过了《海外反腐败法》（FCPA）后，美国不断加强围绕科技、贸易、金融体系展开的长臂法案建设。只要与美国企业发生关联，甚至邮件通过了美国服务器、使用了美元进行结算，都可能被纳入美国长臂管辖的范围里。

这里一定要注意的是，无论是《瓦森纳协议》体系还是美国的过度长臂管辖，本质上都是对自由市场流动与全球科技产业链的扼杀。换言之，瓦森纳体系希望制造的是割裂与封锁，而这恰恰是中国科技产业不需要的。

在芯片产业乃至众多科技行业，发展核心科技与独立自主技术体系，跟加入全球贸易网络，共享产业、科研成果之间，绝不是非此即彼的关系。相反，两个方向的极端化都隐藏着危险。过分强调独立，会导致体系与市场脱节，陷入苏联半导体的"孤岛危机"；而彻底依赖市场则会逐步沦落为纯粹的消费区间，被持续"卡脖子"。从历史来看，半导体突围的核心是在动态突破中寻找产业平衡点，累积优势，逐渐凝结质变。

正视问题是为了解决问题，而不是为了抱怨和激化问题。在不幻想极偶然事件的前提下，有 3 个方向在半导体产业的发展中，被证明对破局芯片领域的"瓦森纳体系"是有帮助的。

1. 新技术封锁不住，旧技术就会松动

芯片产业是一个快速进化的产业，不管是在性能与工艺上，还是在软硬件的计算形态上。历史上往往一个新的芯片应用空间被建立，新的技术汇集起来，旧的技术体系就会退化为二级市场。因此，想要突破瓦森纳体系的空气墙，就一定要抓住新技术的机遇。以新技术为撬点，强行将"卡脖子"的技术变成无所谓的技术。芯片制程工艺是唯一的发展轨道吗？如果在 5G 广泛部署，IoT 代表体系可以搭载大制程芯片的情况下，制程的重要性或许就会下降。核心技术的封锁也就失效了。

2. 利用市场的虹吸效应，多方面给技术"脱敏"

中国是最大的芯片市场与芯片加工地，这导致中国在全球半导体产业链中始终是强需求状态。对这种需求的灵活应用，搭配努力降低半导体产业在政治和军事上的敏感度，是可以找到很多全球合作的空间与缝隙的。比如学术合作、人才流动、跨领域的创新型合作。只要市场虹吸存在，供给方总会找到可以规避管辖的理由。

3. 中国越多参与到全球半导体分工中，瓦森纳体系就越虚弱

为什么中国在农业、环境、可持续发展领域与以色列、欧洲等国家和地区进行高科技交流时会相对顺畅？原因在于，在这些领域大家有着相对一致的利益。而在军事、航空、航天领域的技术交流近乎为零，原因在于，在这些领域基本没有共同利益。

当中国不断深入地参与到全球半导体产业链中，并且所负责的区间不断提升，走向多元化与产业链上游，那么中国与其他半导体产业链国家的利益接触点将更多，利益一致的可能性也将加大。瓦森纳体系阻碍了中国加入全球半导体分工，但事实上中国已经不可避免地进入了这个体系。全球半导体产业链已经是一张不能没有中国的网络，这也就是说，当中国与全球半导体的结构化关联越紧密，瓦森纳体系就变得与现实越发格格不入。

落后的下一步，就是淘汰和瓦解。所以面对缠绕中国芯片的《瓦森纳协议》，我们要做的不仅是以个人的名义反对它，而是让更多人、更多企业、更多声音，甚至一整个时代反对它。

这很难，今天来看依旧任重道远。好在，任重道远的事中华民族已经做了很多。

22 两个半导体巨人的失败挽歌

在我们进一步审视中国半导体的突围可能性之前，或许还应该在心中警醒另

　　一个问题：半导体突围有可能陷入怎样的失败？

　　回看地缘区位半导体的崛起，凡是成功的都很难被模仿，比如日本在 DRAM 市场的所向披靡，韩国与美国在产业勾连中千丝万缕的关系。凡是失败的都有可能成为绞死巨人的绳索，比如导致日本产业僵化、面对变化应对不及的举国研发体制，抑或是苏联电子工业与市场的脱节等。

　　对于成长中的中国半导体产业来说，这些绞死巨人的绳索，比摘得皇冠的技艺更值得探寻，也更应该引起警觉。

　　回顾世界半导体产业发展史，有两个巨人的倒下是极为值得重视的：一是苏联，二是日本。

　　首先，它们都曾无限接近或成功将美国半导体挑落下马，所面临的竞争局势与中国有着异曲同工之处；其次，二者在产业政策、基础研究、供应链布局等方面有着非常高的相似性，中国半导体的发展策略也或多或少受其影响；最后，尽管苏联和日本各有各的失败，但最终都被美国反超，殊途同归的结局背后必然有其共性，而这可能是中国半导体崛起之路上必须小心提防的暗礁。

　　伴随着苏联解体，它曾经在半导体领域的辉煌也逐渐被人遗忘。回到美苏争霸的历史现场，会发现苏联半导体的衰落既是遗憾，也是注定。遗憾在于，苏联原本的半导体基础成就很高。20 世纪 30 年代，苏联科学家就在半导体理论基础和工程实践上进行了广泛的研究和尝试。后期为了在美苏争霸中占据优势，苏联还将电子工业列为重点发展的部门之一。在苏联的对外报道中，称无线电工业产品总产量从 1951—1955 年增加了三倍多，1968 年以后平均每年增长 18%，半导体产品的产量增长也很快。

　　市场数据可能有出入，但研发领域与美国不分伯仲却是事实。20 世纪 60 年代，承担苏联半导体研究的机构就有国家研究院和许多综合大学，比如列别捷夫物理研究所、无线电工程和电子研究所等，研究者中不乏诺贝尔奖获得者。为了保证半导体庞大的资金需要，苏联还采取"以农补工"的方式，利用工农业剪刀差来为基础研究提供资金。

　　苏联的半导体产出也有目共睹。1960 年，列别捷夫物理研究所和美国哥伦比亚大学几乎是在同一时间制成了第一个激光器，并分别获得了诺贝尔物理学奖。1969 年，苏联曾在巴黎国际元件展览会上展出过部分半导体硅片，直径为 60 毫米和 70 毫米，分别于 1969 年和 1970 年投产。对半导体材料的基础研究也有突破，曾展出过新的合成半导体材料，如碳化硅、砷化镓以及在蓝宝石上生长的硅。根据日本报道，1971 年列别捷夫物理研究所制造的半导体激光器，已经和美国贝尔实验室具备相同的水平。

基于这些研究积累，以及完整的工业体系，苏联也成功建立起了从原材料、设备到设计、制造等一整套独立的半导体生产体系。不过，为了加强与各个加盟国的联系，苏联结合各地实际情况，将产业链按照上下游关系做了硬性分配，乌克兰是电子信息工业基地，白俄罗斯得到了半导体工业和微电子板块，波罗的海三国（爱沙尼亚、拉脱维亚、立陶宛）则布局了加工和组装工厂。20 世纪 80 年代，苏联的微机年产量已经突破 60 万台。

同样"集中力量办大事"的，还有日本。成于举国体制，也败于举国体制。组织 NEC、日立、东芝等主要公司和大学研究所共同突破了 VLSI 的技术难题，用举国之力抓住了 DRAM 市场的时代机会，乘势而起，一举冲垮了美国的防守，再到 2012 年日本半导体"国家队"尔必达最终宣布破产。日本的衰落固然跟美国国家层面的经济、科技政策，以及扶持韩国区位的限制有直接关系，但当美国的半导体"围杀"对于任何一个产业区位崛起都是必然面临的"定式"时，那么内部的不稳定因素或许才是后人能够从日本半导体博弈失败中得到的真正价值。

苏联与日本在半导体领域的各自衰落，可以说有几分相似。主要体现在 3 个方面。

（1）同样采用举国体制，政府主导而忽略市场，导致投入难以快速回收进行再创新，迭代速度跟不上技术发展趋势。

苏联的半导体和计算机产业在基础研究层面并不薄弱，而具体到工业体系当中，无论是产业劳动者还是生产物资，都必须由国家统一调配，生产出来的产品也由国家统购统筹，除了在经济互助委员会内强行推销外，主要通过"军援"形式推销到中东、越南和东欧各国，企业盈利与亏损也由国家财政统一计划。这就导致一旦管理者没有敏锐地意识到市场变化，整个产业就很容易出现僵化、反应迟钝等问题。

苏联就曾经由于官僚对不属于经济计划一部分的"Сетунь"微机产品持否定的态度，勒令其工厂停产。苏联电子工业部副部长尼古拉·戈尔什科夫曾对"微-80"（Micro-80）的设计者说："个人的汽车、退休金和别墅都可能有，但个人计算机不可能。你们知道什么是计算机吗？它占地 100 平方米，需要 25 人维护，每月消耗 30 升酒精！"

因此，尽管当时苏联接到不少微机订单，但最终由于得不到上级支持，原本计划合作生产的捷克、斯洛伐克工厂倒闭了。后来，当苏联最终造出苹果和 IBM 计算机的仿制品时，整个行业早已沧海桑田。随着苏联解体，其半导体工业体系也宣告破裂。同样地，尽管日本采用举国体制在 DRAM 产品上获得过历史性的成功，但时过境迁，半导体发展初期政府介入、推动爆发式产出的商业模式，过度强调政府和专家的方向引领作用，更看重大公司的创造。也是这种路径依赖，让日本产业界习惯了大企业独揽的模式，在个人计算机时代无法适应多元化市场，逐渐陷入僵化与停滞，缺乏灵活多元的跟进效率。即使后来日本政府密集出台半导体产业扶持政策，并投入大量资金，但也无力回天，最终只能坐看美国半导体的重新崛起，并困守在材料等产业链垂直板块中。苏联与日本的衰落也表明，注重政府主导与市场驱动的平衡，让面向市场的创新成为主体，是今日中国尤其需要注意的。

（2）过度强调全产业链，忽略全球化的必然趋势，导致只能做低规格的产品，失去市场竞争优势。苏联和日本都搭建起了完整且独立的工业体系，一切产业链都靠自己完成。但苏联由于对电子工业的重视较迟，基础差，导致半导体器件、集成电路和计算机等产品在成熟度与市场认可度上始终落后于美国。

如果说苏联发展自主全产业链是出于不可抗的历史原因，那么日本从头搭建产业链则是人为给自己制造困难。一切产业链环节都自己完成，在 DRAM 时代可以快速建立起高质量、高良品率的优势。但半导体是一门尖端产业，到了更复杂的微处理器时代，只依靠本国力量闭门造车、拒绝全球化的思路让日本产品无法保持技术与工艺上的领先性，这也为其失去市场埋下了祸根。

今天，半导体产业越来越复杂，市场迭代只在旦夕之间，生产成本也不断提升，这一切都导致"一条龙通吃"的 IDM 模式难以为继。积极与世界接轨并合作，保持高度的产业协调能力，追求最高的产业效率，才能始终保有市场竞争力。

（3）没有找到产业链中核心的重要变数，依靠底层技术突破建立存在感以及不可忽视的区位优势。

中美贸易战开始以后，有业内人士形容道，"二十年来的大温和年代结束了"。温和，某种意义上也意味着"温水煮青蛙"。尤其是在技术领域，一旦接受了更简单的"拿来主义"，就很容易因为依赖而始终处在产业链下游，失去底层技术的自主可控以及话语权，在变局中越来越受到钳制。日本就是最鲜明的例子。

在 DRAM 市场取得对美国的碾压优势之后，日本通产省和大企业并没有在高端芯片、底层软件等领域继续建立研发能力。以 EDA 电子设计自动化软件为例，在芯片设计环节，EDA 设计软件是必不可少的工具。而如今，EDA 电子设计自动化已经成为美国的"特产"，处于绝对的垄断地位。日本半导体产业并没有在鼎盛时期开发出独立自主的 EDA 软件平台，一是因为"买不如租"的心理，依赖美国的技术输出；二是底层工具开发困难，市场竞争也很激烈。如果没有美国市场的生意，EDA 电子设计自动化行业是难以取得成功的。但要进入美国市场，必须同美国现有的 EDA 电子设计自动化供应商进行激烈的竞争，提供比现有产品更优异的产品，这需要跨过高高的技术门槛和商业壁垒。也难怪日本会在 EDA 电子设计自动化上抱有消极态度。

如果中国不想重蹈日本的覆辙，那么"温水煮青蛙"就是最大也最容易被忽视的危险。唯有搭建自己在核心产业区位上的底层技术优势，重视国产化自主安全，才能避免在关键时刻失去反击之力。

回顾苏联、日本与美国的半导体之战，不是为了复制它们某一时、某一领域的胜利，而是为了今天中国半导体突围时，始终对失败保有一丝警觉、一分谨慎、一种尊重。

23　政策法案在芯片博弈中的角色

近两年，关于中国芯片突围的讨论尘嚣直上，其中一个关键争议点在于，政府是否应该参与到半导体产业的规划与建设中来。很多人认为，半导体是一个商业行为，应该以市场引导来驱动半导体发展，避免出现投资难以被市场消化的困境。这种顾虑当然没错，但也容易矫枉过正。事实上，历史中的芯片崛起与成功往往不乏政府政策、法案扮演关键角色。政府法案与半导体产业之间的关系，也是我们透视今天中国半导体发展趋势的一个关键因素。

美国半导体产业从诞生之初，就和美国政府有着千丝万缕的关系。"二战"前，美国政府出于军事科技的需要，开始为企业和大学提供科研资金的支持。半导体产业初期，美国政府除了提供研发资金外，还大量承担采购方的责任，甚至可以说最初生产晶体管的企业正是靠着军方订单才存活和壮大起来的。

直到现在，美国国家科学基金会（NSF）、美国国防部高级研究计划局（DARPA）在支持基础科学研究和具有军用潜力的技术研究上面仍然扮演着"投资者"，为美国半导体产业的基础研究提供着"把脉"和"输血"的支持。

在技术创新上，"市场和政府到底谁起着更重要的作用"，这一问题还存在着诸多争论。但是具体到关系国家安全根本命脉的半导体产业领域，政府扮演的角色则至关重要。20世纪60年代，由于半导体产业逐渐转向民用市场，致使日本政府和企业在产业链向海外转移的夹缝中抓住了这一机遇，终于在80年代中期完成了一次对美国半导体的超越。

因为日本半导体的这次崛起，直接刺激美国政府高举贸易保护的大棒和产业扶持的大旗，对外打压日本半导体企业，扶植韩国半导体企业，对内增加科研投入，组建产业联盟。一系列操作之后，日本半导体产业仅仅享受了十多年的短暂繁荣，就在90年代末盛极而衰，至今再也无力挑战美国半导体的霸主地位。

在美国半导体产业的再次崛起中，美国政府贡献了多重价值。基础研发上，美国政府依旧发挥着"幕后大金主"的功能；在半导体产业的外部竞争中，又经常充当"裁判员"的角色；情急之下，还会直接下场充当"运动员"，动用国家权力来压制他国政府和企业——比如对待当年的日本和如今的中国。

不过，美国政府还有一个角色常常被我们忽略，就是其所扮演的"教练员"角色。美国半导体产业之所以能够在长达70多年的激烈竞争中保持领先，来自其技术创新的先导性，其技术创新优势又来自美国政府对基础科学研究的重视，而这一产业技术基础得益于通过美国出台的各项基础产业政策。

我们将从"二战"后美国政府先后几次出台的科技创新政策和法律体系说起，来透视美国政府所起到的"教练员"之责和美国半导体产业基业长青的基础优势。

前面已经细数了半导体技术萌芽期的多个历史瞬间，但一直有一条线索没有抓取，或者说我们很多情况下都将其当作理所当然的历史背景来看待。这个线索就是为什么半导体技术的突破一定是在美国出现？

回到70多年前，就在贝尔实验室诞生出第一个半导体晶体管之前，美国政府正在为这场即将到来的新技术革命铺着基础科学技术研究的政策基石。1944年11月，时任美国总统罗斯福给时任战时科学研究与发展局局长范内瓦·布什写信（图4-23-1），请他对"如何把战时的科学技术经验应用到和平时期"这一问题给出建议。在信中，罗斯福提到，"在我们面前，有一个需要用聪明才智开拓的新边疆（New frontiers of the mind）"。

图 4-23-1　范内瓦·布什（1890—1974）

要知道，在"二战"之前，对于科学技术的支持只是美国联邦政府职能和政策中处在边缘位置的一种存在，政府对美国科研经费的贡献还很小。而在"二战"中，美国最优秀的科技人才和机构被动员到军事领域，正如布什就是原子弹计划的"曼哈顿工程"的核心推动者一样，科学技术为美国赢得战争发挥了重要作用。"二战"后，罗斯福政府更是开始意识到把战时建立的科学技术力量应用于和平时期的建设，而布什报告就为此后美国政府、学术机构、产业界通力合作促成科学技术的进步提供了思想基础。

8个月后，范内瓦·布什用这一极富深意的概念撰写了名为《科学：无尽的前沿》（*Science: The Endless Frontier*）的报告，完整回答了罗斯福提出的问题。布什报告可以说奠定了"二战"后美国科技政策的核心基础，其基本思想是：基础科学研究对于国家安全、人民健康和社会福利是必不可少的；政府要在推动科学研究、人才培养上承担相应责任，但同时又要确保科学家在科研探索上的自由。

布什报告直接促成了美国国家科学基金会（NSF）的成立，推动了现代美国研究型大学的繁荣，也最终促使政府增加对科学研究的资助力度。据统计，美国政府科研经费从20世纪40年代到60年代增长了10倍以上。美国R&D经费从1957年到1967年，以每年15%的速度大幅增长，达到150亿美元。

实际上，这份布什报告最重要的意义在于为政府和科研之间订立了一个长期"契约"：政府对大学等机构进行基础科研的资助，但又保持科学家的探索自由。正是这样能够支持创新又不干涉创新的原则，确保了美国科学技术始终保持领先的底层保障。

到了"冷战"时期，美国政府为应对苏联的军事挑战，同样也将美国科技政策和经费投向军事领域。在这一过程中，美国政府一面充当出资人，将大量经费投入基础研究中，一面又充当采购人，通过像"阿波罗登月计划"这样的国家工程来发展先进技术。正是有这些巨额投入，美国的大学科研机构、企业实验室才能在电子、计算机、材料科学等基础研究上取得突破，从而给这些国防军事项目提供核心技术支持，而政府的采购，又使企业掌握这些先进技术后再投入商业开发和民用市场上。比如，通过政府订单，仙童、德州仪器、摩托罗拉、IBM 等一系列科技企业才能将半导体产业以及此后的计算机产业生根和壮大。不过，随着在联邦政府的支持下，美国各大学、科研机构所取得的基础性科研成果和技术专利越来越多，可以说达成了布什报告的主要愿景，但是这些科技成果的所有权和商业化落地问题又摆到了美国政府的面前。

1980 年 12 月 12 日，美国国会通过了由参议院伯奇·拜赫和罗伯特·杜尔联合提交的一项名为《*The Patent and Trademark Amendments of 1980（Public Low 96-517）*》的提案，这就是今天被人们津津乐道的《拜杜法案》。这一提案其实是美国中北部的印第安纳州的一位大学老师向这两位参议员提出，以解决大学的科研成果的商业转化问题。

当时的人们都未曾想到，这一提案竟然改变了美国技术专利的市场格局，再次推动了美国技术产业的腾飞。简单来说，《拜杜法案》的价值，就是让大学、研究机构能够享受由政府资助的科研成果的专利权和收益权。所有权和收益权的分离，极大地推动了全美的科学技术发明进行商业成果转化的进程。

在《拜杜法案》出台之前，美国政府所资助的大学、企业以及非营利组织等机构的基础研究成果，遵循着一条"谁出资，谁拥有"的原则，这也是布什报告未能解决的一个"细节问题"。美国联邦政府也没有对因其资助而产生的科技成果的专利归属问题制定出统一的政策法律，只是按照常规做法默认政府成为事实上的专利所有者和转化实施的主导者。

但问题在于，政府中不同机构的资助主体和各自为政的政策导致很少的发明专利能够被实际使用，造成美国大学等机构中产生的大量科研成果，大多被束之高阁。

根据当时的一项统计，所有权归属联邦政府的科研成果，其转化率非常低。在 1980 年美国联邦政府持有的 28000 件专利中，通过技术转让被民间使用的不足 5%，而所有权归属民间的专利，虽然数量不多，但是转化率却高达 30%。

这些统计结果为《拜杜法案》的提出提供了参考依据。但当时更为直接的刺激是，美国政府已经意识到日本、德国在许多产业领域有赶超美国的苗头。面对这种挑战，时任美国总统的卡特在 1979 年发表了一份名为"Innovation Message"的科技政策，其中提出促进科技成果转让、缓和反垄断法、扶持新型技术企业的战略。由此我们不难理解，1980 年国会通过的《拜杜法案》成为一部与政府战略遥相呼应、"审时度势"的法律。

《拜杜法案》的推出，使美国的大学和科研机构开始代替政府成为这些科研成果的所有者和执行者，奉行的核心原则变成了"谁研发，谁使用，谁受益"。有利可图的前景使这些大学和研究者们愿意积极推动新技术研发、研究成果的专利申请和商业化转化。

在此后 20 年的时间里，美国彻底摆脱"自己获诺贝尔奖，别人占领市场"的尴尬局面。根据美国大学技术经理人协会（AUTM）从 1991 年开始的一项调查报告统计，1991 年到 2000 年的 10 年间，技术转让的累计成长率高达 100%，技术转让收入也从 1991 年的 1.22 亿美元增加到 2000 年的 9.47 亿美元。另据统计，自 1980 年以来，大学的科研成果共诞生了 3376 家高科技企业，仅在 2000 年美国大学等机构的技术转让和新设立企业就创造了 26 万个就业机会和 400 亿美元的经济效益。

可以说，《拜杜法案》的推出再一次为美国的科技创新注入了活力，成为 20 世纪 80 年代之后美国半导体产业政策最重要的"背景墙"。从《拜杜法案》之后，更多的法律政策出台，来加速推进政府的技术成果向商业化转化。

同年，国会还通过了《史蒂文森—怀德勒技术创新法》，提出了合作研发协议（CRADA）机制，建立起联邦实验室加快向企业进行技术转移的核心机制。1982 年，通过《小企业创新发展法案》，规定联邦机构需要拿出一定比例的经费支持技术转移。1986 年，通过《联邦技术转让法》，建立联邦机构与公司、大学和非营利机构达成合作研究与开发协议的发展机制。1985 年和 1987 年，美国国家科学基金会分别启动建立了工程研究中心和科学技术中心，以促进大学和企业在重要技术领域的合作。

在这些政策法规的影响下，美国半导体产业领域的一大成果是，1987 年美国半导体制造技术联盟 Sematech 出现，这是由美国半导体产业界发起，联合 14 家居领先地位的半导体公司成立，DARPA 代表联邦政府每年出资 1 亿美元支持的技术联合组织。Sematech 的初衷是共享研发资源，减少重复研发投入，提高半导体技术研发数量，改善半导体生产技术。经过两年实践，Sematech 的研究中心从半导体制造技术转向了半导体制造设备技术的研发，重新塑造美国半导体产业上下游的良性发展。1996 年，DARPA 全面停止补贴 Sematech 之时，美国半导体产业已全面恢复国际竞争力，特别是在半导体制造设备领域，美国的主导地位至今牢不可破。

如今，美国的科技主导地位又迎来了一次新挑战。从技术演进上，全球科技产业正在迎来以人工智能、量子计算、合成生物等为代表的现代新兴技术，美国需要提出新一轮的科技产业政策；从外部挑战上，美国也深感自己正面临全球日益激烈的科技竞争。

2019 年 5 月，一家由美国的先进企业、商业协会、研究型大学协会和科学学会组成的联盟机构——美国创新研究工作组（TATI）发布了名为《2019 年的基准：第二名美国？美国科学领导地位面临越来越大的挑战》的报告。该报告从研发投资、知识创造（如科学出版物和专利）、教育、劳动力和主要高科技部门评估这五个基准类别来说明美国正在失去其竞争优势，特别表示了对中国和其他国家正在迅速增加对研发和知识劳动力发展的投资，以获得全球领导地位的担忧。

这份报告主要倡议，美国要通过一项新的国家战略，来支持增加对科学研究和人力资本的资助，以及对新项目的定向投资，以增长、吸引和留住美国国内和国际科技人才，将保持美国的巨大技术优势作为国家的优先事项。

也正是在特朗普政府执政的最后两年中，美国政府重新加大对科研的投入，包括在 2018 年推出太空、生物、网络等多项科技计划，同年 12 月通过《国家量子倡议法案》。2019 年 2 月启动国家人工智能倡议，同一时间，特朗普政府任命的白宫科学顾问德罗格梅尔在第一次公开演讲中重提范内瓦·布什的《科学：无尽的前沿》（图 4-23-2），提出美国要再次进入科学技术新边疆的探索时代。

图 4-23-2　白宫科学顾问德罗格梅尔

2020 年 2 月 26 日，在美国国家科学、工程和医学研究院召开的纪念范内瓦·布什《科学：无尽的前沿》发表 75 周年的研讨会上，有人指出美国政府在对基础科学研究的资助正在减少，更在意眼前的短期效果，最终大家一致提议制订一个长期的联邦科学计划。同年 5 月 21 日，分属美国两党的四名议员同时在参众两院联合提出《无尽前沿法案》（*Endless Frontier Act*）的议案，提议在美国国家基金会设立技术学部，赋予它特定的使命和职权，在 5 年内提供 1000 亿美元用于战略性地推进科技研发，以及 100 亿美元用于在全国各地建立区域性技术中心，以启动新公司、重振美国制造业、创造新的就业机会，推动当地社区的发展。

这一法案议案可以看作 1945 年布什报告的升级版，其目的仍然是确保美国科学技术在 21 世纪中叶仍能保持全球领先地位。而从《科学》杂志的解读来看，这一法案议案是专门针对中国科技的强势发展而提出的，可以说是一部"领先中国法案"。

从这些技术政策的目标来看，该议案延续了以往的政策方向，包括主张发挥政府的经费资助，增加大学研究经费和人才培养，促进技术转移、区域性技术中心建设等。同时，该议案也有以下政策创新，包括创建一个有特殊职权和巨额资金分配权限的科技部门，集中投资人工智能、高性能计算、先进半导体、量子计算、先进通信技术、生物技术等 10 个战略性技术领域。

现在，尽管美国共和、民主两党在几乎所有施政纲领上都存在意见分歧，但是在对待如何保持美国在科技领域的领导地位，如何遏制像中国这样的极富潜力的超级对手的崛起上，则保持了相当一致的态度。所以，无论这部议案是否会在美国政府换届后得到国会的通过，它都传递出了一个明确的信号，就是再次强调政府在科技研发尤其是关键技术领域的重点投入，将成为美国政界、科学界的共识。

我们截取了美国科技政策演化历史的开端、中间和当下的三个关键时间点，来审视美国政府是如何通过一系列科技产业政策和法律体系来推进美国的科技研发和成果转化，最终保持美国在科技产业领域，尤其是半导体产业领域的主导地位的。

一开始，我们就提到美国政府在全球半导体产业竞争中的几种角色，这些角色需要在半导体产业技术创新突破、激励市场竞争、巩固国家技术安全优势等方面达到一种平衡。也就是需要政府出钱的时候出钱，需要政府出力的时候出力，内部有少数企业一家独大的苗头就反垄断，外部有威胁的时候就一致对外搞联合。但根本上，美国政府扮演这些角色的时候都离不开"教练员"的角色，那就是通过制定政策和法律将自身要遵守的规则明确下来，并以此来指导政府的其他角色和这些场下选手的动作。

美国政府在扮演"教练员"角色的过程中，发挥了以下作用。

（1）通过纲领性的科技产业政策，美国政府在支持科技研发上就有了清晰的边界，能够在投入研发经费的同时，又保持科研探索的自由，避免"外行指导内行"的情况出现。

（2）通过应时而变的科技成果转移的立法，加速了国家投资而产生的科研成果向企业的商业化应用转移，推动了基础科研与应用技术的产业融合。

（3）通过立法方式设立专门支持科研的机构，给予足够的科研资金，能够聚集大学、产业界的科研力量，进行集中性的技术创新攻关，克服企业单打独斗、重复研发投入的弊端，在半导体产业遭遇技术创新危机时实现整体产业的集体突围。

最重要的是，我们看到一向标榜坚持以自由市场为导向的美国，自始至终都未放松在科技产业政策上的有力掌控和倾力扶持。尽管不同政府时期有着轻重缓急的不同科技产业政策，但是美国政府一直在追求对先进科技方向的主导和对政府投入的科技成果转化的效率提升。值得警惕的是，政府的支持和科技的创新、产业的发展，除了有相互促进的可能，也会有相互掣肘的可能。

科技创新始终是一个非常需要灵活性、平衡性的活动，政府通过政策、法律之手，在伸手帮助科技创新、产业突围的过程中，务必要保持长远眼光和因时而变的调节能力。政府要有所为有所不为，这或许是中国在芯片突围中可以从"美国往事"里学到的宝贵经验。

24　国家"钞能力"带来的半导体变局

2019 年，谷歌、微软、亚马逊、IBM、甲骨文等科技巨头曾为了一份百亿美元的美国军方订单，上闹总统庙堂，下闹江湖民间。甲骨文联合 CEO 抱怨，认为"大单的竞标要求是为了让亚马逊获胜而设定"，IBM 也发出抗议，十分激进地指责美国国防部。谷歌想退出竞标都没躲过挨骂，亚马逊 CEO 贝索斯说谷歌做了个错误的决定，"假设大型科技公司都选择拒绝国防部，那国家将会陷入困境"，微软 CEO 萨提亚·纳德拉则称"美国公司的立身之本是对美国价值观的信任"。

这份让巨头们你争我夺的美国国防部订单到底有多诱人？总价值超过百亿美元，而且为期十年之久，需要将 340 万个五角大楼工作账户和 400 万台设备转移到云端。同时，一改美国国家采购必须在两个及以上企业中选择的传统，谁能拿到订单，就能获得接近垄断的政府技术供应商地位。也正因此，这一项目陷入了旷日持久的大厂博弈，甚至有国会成员要求调查军方领导人是否有被优势企业操纵的可能。

当我们想要探寻半导体的突围法则时，美国半导体和集成电路的元器件采购大户——美国国防部，就是一个无法避开的关键角色。超级英雄电影《正义联盟》中，闪电侠问蝙蝠侠"你有什么超能力"，蝙蝠侠回答"我很有钱"。半导体产业的兴衰与国家"钞能力"，从初始就被捆绑在了一起。

正义联盟需要烧钱，半导体这个重研发的领域更是"吞金巨兽"。美国半导体和集成电路工业的兴起与发展背后，国家采购政策是最大的推动力，没有之一。

了解美国政府政策发展的人可能知道，美国的经济结构调整大致有一个分水岭："二战"后到 20 世纪 80 年代，着重提升产业技术创新能力，培育战略新兴产业，政府采购作为关键的政策工具开始被广泛采用，美国国防部和国家宇航局出面采购了许多半导体和计算机领域的早期产品。有统计数据显示，这一阶段，科技因素在美国经济增长中的比例从 20% 上升到了 50%，占据的投资份额更一度达到 80%。而从 1980 年到千禧年，美国政府开始不断压缩军费、减少开支，也开始调整军事经济在国民经济中所占的比重，半导体领域的投资逐步开始转移（图 4-24-1）。到 20 世纪 90 年代中期，科技投资的份额已经减到了 30%。读者可能已经发现了，美国资本参与投资、国家采购大力扶持的时间轴，与美国半导体产业历史上的辉煌时期恰好是吻合的。

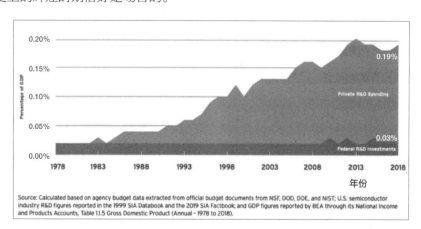

图 4-24-1　美国联邦政府对半导体研发的投资占比

　　罗伯特·诺伊斯在 1959 年用平面工艺发明了世界第一块硅集成电路，仙童半导体也自此开创了半导体产业的黄金时代。但仙童半导体的商业化也一直为人所关注，其至在 1967 年出现了亏损，此后更是伴随着灵魂人物的出走而一路没落，直至最后被收购。

　　简略地回顾仙童半导体的"一生"，可以发现其最辉煌的十年间，不仅在底层技术研发层面引领全球，在产品上也相继开发出了运算放大器、实用模拟集成电路等细分产品，加速推动产业工业化。而这一切的背后不仅有诺伊斯及其他科学家的才智加持，与国家资本的友好关系更是其腾飞的关键。

　　仙童掌舵人罗伯特·诺伊斯就十分关注政府订单。仙童半导体集成电路产品刚刚问世时，门电路成本几乎达到了 150 美元，而市场上同类功能的分立组件成本只需要 3 美元。直到 1962 年，集成电路还是"低于总销售额的 10%"。罗伯特·诺伊斯曾在内部讨论过"如何改善微型电路产品的现状"，最终发现，除了美国军方，几乎没有企业客户愿为此买单，而且政府采购价格大都高于市场价格。

　　但这并不意味着政府必须采购仙童的产品。而且，时任美国国防部部长的罗伯特·麦克纳马拉提议调整军方的订货合同，将军方的采购量从 100% 降至 1965 年总产量的 55%。与此同时，仙童员工出走后创办的半导体企业也开始参与市场竞争并小有斩获，这些对仙童来说都是挑战。于是在当时，仙童一方面为政府生产集成电路，另一方面关注着军方合同，比如自动设备公司（Autonetics）是"民兵"洲际弹道导弹的联合承包商，对方就计划在导弹合同中采购 1000 件仙童的台式晶体管，但为了测试元件的性能表现，还需要设立可靠性评估部门，并积累长达 1.5 亿小时的数据。

　　罗伯特·诺伊斯极力劝说，建议采用更加稳定的平面型晶体管，并表示平面型晶体管的产量将很快提高到台式晶体管的水平。最终，得到了自动设备公司和政府的认可。

　　仙童还为政府生产支持武器系统、太空运输设备等的组件，如监控雷达、马塔可（MARTAC）导弹控制计算机等，1960 年的仙童半导体工厂（图 4-24-2）。1962 年，仙童所生产的集成电路产品中政府采购占比 94%。1964 年，美国政府甚至要求全美的每一台电视机都要安装超高频协调器，也使仙童半导体订单暴涨。从某种意义上来说，如果没有政府订单，仙童半导体就不可能存在。到了1968年，政府购买量调整到37%，仙童半导体才开始露出疲态，这或许并不是巧合。

图4-24-2　1960年的仙童半导体工厂

　　进入20世纪70年代之后，日本开始利用强大的制造能力和举国体制来猛攻美国半导体市场，加上两次石油危机，开始让美国意识到技术创新、国民经济、国家资本之间的全新关系，也在政府采购的基础上，逐步制定了一些真正意义上的用国家力量推动技术创新的相关政策。

　　英特尔的崛起，以及在DRAM战争后从日本手里重新拿回半导体主导权，都得益于此。

　　从1971年推出全球第一个微处理器4004，到1992年凭借3000万个晶体管的新型芯片成为世界最大的半导体企业，英特尔的铁王座一度无可撼动。也是从1992年开始，全球半导体市场的天平又开始慢慢从日本倒向了美国。促成这一结果的原因有很多，比如美国半导体制造技术研究联合体（SEMATECH）联合技术攻关，韩国、中国台湾地区等的开发热潮兴起，个人计算机商业市场的爆发等。但这些要素都无法掩盖美国国家资本在英特尔及微处理器产品上做出的贡献。

　　在日本电子企业的冲击下，英特尔在传统的DRAM市场上已经越来越不占优势，在20世纪80年代陷入困境，1981年首次出现财务下滑，1982年不得不出售股份给 IBM 来换取现金，后续甚至经历了反反复复的裁员。时任英特尔 CEO 格罗夫最终选择壮士断腕，转型开发微处理器，但这种产品无论是设计研发还是制造工艺，都远比 DRAM 要复杂，大规模投入是否能取得相应的市场回报，在当时引发了巨大争议。平息众议靠的不仅仅是掌舵者的个人魅力和超前眼光，更依赖于国家资本的大力支持。

美国政府对英特尔的帮助主要体现在两方面。

（1）国家出资支持新技术研发，制定研发路线图，并监督研究的实施，让企业少走弯路。

美国联邦政府和英特尔在内的半导体企业共同出资成立了 SEMATECH，每年投入 2 亿美元的研究项目，用以提升制造设备和工艺。这一举措减少了 IBM、英特尔、摩托罗拉、德州仪器、惠普和国家半导体公司等重复研发造成的时间和金钱成本，确保英特尔可以在微处理器的道路上大步前进。英特尔自身也先后投资了约 30 亿美元，用于加速研制微型高性能芯片。1984 年，英特尔已经成为美国《财经》杂志评选出的 8 家最具创新科技的公司之一。

（2）在市场竞争中帮助优势技术拿下"设计赢单"（design win）。进入微处理器赛道并不意味着英特尔就安全了，8086 型 16 位微处理器尽管在技术上领先许多（图 4-24-3），一度打出了"一个新时代的诞生"的广告，但想要取得订单，就必须跟后发制人、成功对 8086 取长补短的摩托罗拉 68000 "掰手腕"。

图 4-24-3　1978 年，x86 架构鼻祖英特尔 8086 问世

英特尔遭遇的市场重创，直到引入 IBM 这个蓝色巨人才真正得到改变。英特尔将 8086/8088 卖给了 IBM 作为个人计算机的中央处理器，这一技术很快成为行业标准，扭转了竞争局势，游戏结束。

据戈登·摩尔回忆，他当时并没有意识到从 IBM 获得的任何设计赢单都是一桩大生意，这个赢单比其他赢单都重要。而作为科技界的常青树，IBM 从创建前期，还是一个自动制表机企业时，就在为美国国家统计局服务，早期的 IBM 也以政府部门和事业单位为主要客户，销售办公机器。"二战"中，IBM 又以制表机与美国军方建立了商业往来，并为军方研制了世界上第一台继电器式的计算机。

当然，也不是 IBM 就喜欢跟军方打交道，主要是当时计算机造价极高，除了政府和国防部，只有大银行和跨国公司才用得起，而后者并不需要类似弹道轨迹这样的复杂运算，这些都导致 IBM 与国家资本越走越近。借助 IBM 拿到的大量订单，英特尔迅速奇袭对手也就不足为奇了。与之相比，英国政府同样在该时期支持过计算机产业的发展，但就是因为没有充足的国防订单，又无法打开外部销售局面，英国企业才最终败给了美国企业。

回顾 20 世纪 70 年代到 90 年代的美日半导体竞争，日本几乎将"国家资本干预技术创新"这件事做到了极致。"二战"后，日本开始注重发展高技术产业，资料显示，从 1949 年到 1970 年，日本花费了 57 亿美元从国外引进产业技术成果；70 年代中期，日本通产省号召成立"VLSI 技术研究所"，接下来的十年总预算为 2.3 亿美元，其中国家直接拨款就占到九千四百万美元。

此外，为了打开市场，日本在政府扶持下建立了寓军于民的工业体系。三菱重工、川崎重工、富士重工等一开始就同时面向民用和国防两大市场。当然，除了保障研发成果顺利转化之外，一个"副作用"就是日本半导体的品控标准很高，直接碾压了"美国制造"。直到后期，日本遭遇金融危机，政府也无力扶持，最终没能保下"铁王座"。

"政府支持、市场导向"，几乎是美国和日本在相互角力中共同采纳的手段。正如经济学家劳尔·泰森所说，"半导体行业从未摆脱政府干预这只看得见的手"。

韩国政府 1982 年发表《半导体工业扶植计划》和《半导体扶植具体计划》，

提出用国内民用消费电子带动半导体产业发展的计划，但并没有引起半导体企业的认同，它们选择生产国外工业用 DRAM、引进国外新技术和设备等。直到 20 世纪 80 年代后期政府政策导向改变，开始扶持 DRAM 产业，进行规模巨大的官方投资，并推动研发企业关心和与产业化技术密切相关的课题。

当然，政府对三星集团与大企业的过度支持也带来许多问题，但从大时代来看，韩国也因此迅速培养出了能够在全球半导体板块中占据重要一席的实力企业。在半导体产业的竞争风云中，曾经领先的国家落后了，另一些国家则后来居上，这万千变化背后，国家资本的影响无疑是直接而显著的。对于一国政府来说，到底应该如何支持半导体技术创新与市场地位建立，是一个见仁见智的问题。在诸多突围法则中，国家资本绝对不能缺位，这一点经过历史的证明已经成为共识。

但这并不意味着政府需要无止境地砸钱，从美日韩等多个国家半导体产业的兴衰起落中，会发现不同阶段政府和国家资本所扮演的角色、参与的程度都各不相同。如果要从中寻找答案，迈克尔·波特在名著《国家竞争优势》中提到的"钻石模型"，或许能直观地理解国家资本与半导体之间的关系。

从"钻石模型"中可以看到，在技术创新过程中，政府需要平衡的要素是多方面的，通过创造需求、管理生产要素、明确扶持产业、引领企业战略与竞争等一系列动作与政策，来协同担负起激励职责，才能激活创新体系的整体效能。从半导体产业来看，任何一个科研成果在发展初期都不是完全单一的私有化产品，而是具有一定的公共价值属性，比如集成电路对整个国家竞争、经济拉动等带来的影响。而半导体领域的创新又存在投入高、风险大、成果应用转化率不确定等问题，因此，将其纳入公共政策领域是必然的。

但政策扶持也分很多种。一是最直接的政府采购，需求拉动创新的作用绝对是见效最快的，政府直接购买新一代产品，达成成果从实验室到市场的转化，帮助排除企业可能遭遇的市场不确定性。在大众消费者还在观望的时候，由国家为其商业化前景买单，从而缩短创新时期的过程，降低企业的研发风险。

有数据显示，硅谷一共有 600 家公司与美国国防部签订了生产产品与提供技术服务的合同，大约获得了 250 亿美元的订单。

二是国家资本参与研发，国家力量支持的核心还是关键领域的研发创新，所以只有采购市场是不够的。比如英国政府就曾在 1968 年主动采购国际计算机有限公司的产品，但仍然难挡大型机没落的趋势，因此即便大量援助依然没能让英国的计算机产业崛起。

反观美国 SEMATECH、日本 VLSI 计划，用公共资源来引导和调整技术研发的方向、规模以及速度，使之向社会需求的方向平稳发展，预防一些重要科研领域可能出现的前期投资不足的情况。美国的半导体材料砷化镓研究、VLSI 计划、193nm 光刻技术、RISC-V 指令集等关键技术背后，都有国防部的影子。

国家经费的分配还能平衡大企业和中小企业实力不均衡的情况，用财政补贴、技术转让奖励等鼓励中小企业开展研发。1983—1987 年，美国国防部就为新创企业提供了大约 2800 亿美元的资助。

三是政策法规的扶持。如果全凭自觉，可能出现的就是企业投机取巧、官方权力寻租，因此合理且公平的政策制度就成为"钻石模型"的前提。早在 1933 年，《购买美国产品法》就规定联邦各政府机构除了几种特殊情况之外，必须购买本国产品，工程和服务必须由国内供应商提供。同时，在政府采购项目的国外报价中，只要本国供应商的报价不超过外国供应商报价的 6%，则优先交由本国供应商采购。此后的数届美国政府都不断出台了保护半导体高科技产业的相应政策法规，提高外国高科技产品的进入门槛，保护国内高科技产品市场。

四是金融服务体系的保驾护航。国家砸钱解决不了一切问题，更不可能填上半导体这个吞金巨兽的全部胃口。因此，针对半导体企业的金融服务就起到了非常关键的补充作用。比如低息贷款、税收倾斜就是美日韩等国对半导体企业进行的政策优惠，英特尔、微软、三星等都得到过相应资金援助。

有的还会为半导体企业提供风险补偿基金，如果研发失败，可以从其中拨出一部分弥补企业的损失，从而激励企业承担更大难度的研究。

除此之外，政府为信用基础薄弱的中小企业提供信用参保，星星之火中未尝不埋藏着颠覆产业的火种，还记得"八叛逆"与仙童的故事吗？如果当时没有谢尔曼·费尔柴尔德的认可，可能半导体的故事又会是另一种结局了。如果由国家扮演有远见的风险投资人的角色，无疑能让更多中小创新企业受益。

当然，国家资本也存在大大小小的潜在问题。市场这只手会失灵，政府亦然。举个例子，政府资助的研究项目往往比较尖端，应用面较窄，很多高校学者和企业研究者都不愿意来，商业落地更是遥遥无期。自然语言处理专家贾里尼克教授就讽刺过，"除了论文的评审者，没有人会去读这些论文"。这导致很多研究者宁可拿工业界的钱，做具体而有前景的工作，也不想守着政府经费和论文度日。

随着政府执政理念及大环境的转变，政策也会发生变化，对技术创新产生反作用。一个最明显的对比就是，美国早在 1961 年颁布的《美国联邦采购法》中就规定了政府公共预算支出的高效和透明，比如必须在两个竞标者中选择，这次选择了 A 的产品，下次就选择 B 的，保证公平。而伴随着巨头的扩张，公平的天平也在失衡，美国就曾出现过亚马逊半年内连续花费超过 700 万美元用于游说政府的新闻，也有不少人要求调查国防部将合同单独授予一个公司是否违反了联邦法律。

"八叛逆"之一的诺伊斯也明确表示过对政府采购的担忧，认为政府美元支持下的项目将滋生大规模的浪费，不利于激发人们的创新能力。同时，条条框框会扼杀实验室的创造力，无助于发掘研究过程中意外闪现的"有趣的灵感"。他认为，"一个年轻的组织，特别是处于电子领域的组织必须行动敏捷，而政府单方面的要求将引发一系列问题"。

另一个例子就是令中国半导体产业十分难受的"实体清单"，显然也是政客过度使用公权力的产物。尽管短期内能够保护本国创新，但从长远来看，却违反了技术、市场全球化的基本规律，让本国半导体企业面临订单减少、科研投入降低、人才短缺等现实问题，影响国家的长远创新能力。

借此回看中国半导体产业的突围现状，其实产业诉求都是大同小异的，稳定、可预期的市场，充沛、大规模的研发资金，合规、公平的法规保障，充足、低门槛的风险投资……如何将它们整合为一个具有中国特色的"钻石模型"，是一件普通人无法也无力去做到的复杂事情。

破局的关键，一在于时间，二在于方法。前者只能靠死磕，而后者当下存在的不确定因素依然很多。

比如多头管理，各个部委、各地政府都能根据各自的职权范围来确定扶植什么产业，重复建设、缺乏重点、资源低层次消耗自然不可避免。再如中小企业的扶持政策，没有一个达成共识的评价体系和政策依据，多变的政策环境自然无法帮助中小企业准确把握创新方向，"打一枪换一个地方"的方式自然跟不上高速创新的半导体产业特性。

正是因为国家资本的参与对于产业崛起立竿见影，才让它的每一步都不能轻举妄动。除了支持创新企业的启动，国家资本还应该是有力的保护者，保障企业创新的可能；是有效的组织者，规避产业创新的负面影响。对此，"硅谷市长"罗伯特·诺伊斯的看法是，"不拒绝政府的金钱（订单），但是我们（指仙童）有自己的步调"，并主动选择了进入市场搏杀。在一次采访中，诺伊斯不无自豪地说："其他公司都在利用政府合同作为支持研发的主要经济来源，而 1963 年来自政府的直接采购合同仅占仙童销售额的 10% 不到，我们很高兴看到这样的局面。"

从这个角度来看，或许每一个巨头的初始都曾站上过强健的肩膀，但其迎击风浪的能力，只有市场中的真刀真枪能够赋予。对于半导体来说，要有可依靠的臂膀，更要有勇立时代潮头的自信。

（25）　1987 战役启示录

近年来中美在半导体领域的摩擦，很容易让人联想到 30 多年前那场旷日持久的美日半导体战争。从 1984 年日本企业在 DRAM 市场获得绝对优势并引发美国制裁，到 1993 年美国的全球半导体份额反超日本，双方进入新的博弈阶段，其间有太多阴谋和阳谋。

如果我们将 1984—1993 年这十年看作日本半导体盛极而衰的抛物线，那么变化的"制高点"描画在 1987 年是相对准确的。这一年，美日半导体矛盾激化到了"极点"。美国半导体产业协会成立之后，不断散播"日本威胁论"，游说政府对其制裁，其间各种"钓鱼执法"的操作不再赘述。1987 年， 5 名美国国会议员在美国国会山台阶上扛着大铁锤砸东芝收音机的场景，也向世人证明了美国政客们在义正词严与赤膊掐架之间横跳的"反差"，现在只不过将大铁锤换成了推特博文而已。当然，单纯的"破坏欲"并不足以让日本半导体走向彻底衰退，美国在这一年埋下了一颗自我建设的种子，那就是美国半导体产业协会与美国国防科学委员会共同牵头成立的"美国半导体制造技术研究联合体"（ SEMATECH）。

在 SEMATECH 的推动下，原本面对 NEC、东芝、日立、富士通等日本半导体企业的猛攻而节节败退的美国半导体企业，终于不再各自为战，一向强调政府不干预企业的美国政界也开始积极参与引导产业集中火力。最终多方合力，于1995 年帮助美国半导体企业重新夺回了世界第一的宝座，正式为美日半导体争端画下了休止符。美国政府也在 1996 年宣布退出 SEMATECH，事了拂衣去，留下功过供后人评说。

回顾这场针对日本半导体的"围剿"，并不是为了直接借鉴一个现成的战略和答案，而是希望从中寻找一些中国半导体产业能够借鉴的经验。2019 年，日本自 1989 年开始的平成年代落下帷幕，《日本经济新闻》在一篇报道中提出，半导体产业是日本在平成年代"逃掉的大鱼"的代表，成为日本经济持续衰退的诱因与见证。

许多产业观察者认为是 1986 年和 1991 年两次签订的《日美半导体协议》压垮了日本经济。不可否认，协议的签订让美国借助政治手段暂时压制了日本几大企业在全球半导体市场的优势，不仅日本企业面临严苛的商业限制和舆论压力，日本产品的关税也日益提高到夸张的 100%。

但这并未击溃全盛时期的日本半导体产业。1986 年协议签订之后，美日逆差反而进一步扩大了。1989 年《日美半导体保障协议》迫使日本开放知识产权和专利，但两年后美国半导体份额依然不足 20%，不得不再次强迫日本签订半导体协议。直到美国半导体企业再次崛起之后，美国政府没有在协议到期后提出续签，这场争端才算尘埃落定。用一句话来说，打铁还需自身硬。真正压倒日本半导体的，还是美国半导体产业的崛起。

1987年，就是一个关键的分水岭。

在这之前，美国半导体企业各自为战、节节败退，不仅在市场上无力与日本芯片产品竞争，连英特尔都亏损到"举白旗"，直接宣布退出DRAM业务，"硅谷之星"仙童半导体要被日本企业收购的消息更是"奇耻大辱"。技术上，作为半导体产业发源地的美国也仅仅在微处理器、专用逻辑电路等方向上保持领先，而日本已经在DRAM、双极电路、存储元件、光电子、砷化镓和硅材料等关键技术上都开始领先于美国。加上日本制造的高良品率，碾压一众美国半导体企业。

变化就发生在1987年，美国效仿日本攻克大规模集成电路技术时所采用的"举国体制"，开始号召国内半导体企业"集中力量办大事"，一个由十多家美国企业组成的半导体制造工艺研究合作联盟SEMATECH正式成立了。

SEMATECH的组织初衷是集中研发、减少重复浪费、协会内成果共享。凭借SEMATECH特殊的创新机制，美国半导体产业集结攻关并找到了可以"降维打击"的技术革新点，加速半导体设备与材料的研发和工艺标准化，并顺应市场机制不断完成产品迭代。

看起来好像是日本VLSI超大规模集成电路项目的美国版，但要知道，美国的企业文化、研发风格、政府参与度等都迥异于日本，要在个人英雄主义盛行的美国，让本就各怀心思的公司"互通有无"，显然不是一纸政令就能搞定的。SEMATECH集结起美国半导体"军团"，集中优势力量加速研发进程，成为美国半导体产业再度抢回主动权的关键。为了实现产业合一，SEMATECH也有了鲜明的组织特征。

1. 政府协调，企业主导

SEMATECH得到了美国官方的鼎力支持，美国联邦政府计划在第一个五年期间（1988—1992）每年为SEMATECH拨款1亿美元，资助其项目研究和开发计划。另一半经费则由成员公司提供，研究成果由成员公司和美国政府共享。

政府只在资金、政策方面给予支持，并参与一些组织协调工作，具体研究和管理都由成员企业派到 SEMATECH 的技术专家和管理人员负责，这与日本 VLSI 研究所的模式形成了差异。由于工业界最了解产业现状和弱点，也最迫切渴望提升自身的市场竞争地位，因此能够更精准地"对症下药"。而日本的政府主导模式在面对兴起的微处理器品类和个人计算机市场时，相对僵化的组织模式就开始显露出劣势了。

2. 补全短板，攻关长板

SEMATECH 很快找到了自身的目标：一是补全美国半导体行业在制造领域的工艺"短板"，拉平与日本制造在产量、成品率上的差距；二是发展自身在技术研发上的根基，集中力量革新技术，找到能够破局的"长板"，克敌制胜。SEMATECH 也很好地完成了这两个目标。

在"补全短板"时，SEMATECH 作为美国半导体制造商与设备制造商之间的桥梁，将设备生产制造与半导体需求完成了对接，将最新的研究成果及时向生产制造商辐射，使设备可靠性大为提高，并合作规范了工艺过程，提高了美国半导体产品的质量水平，国产化也进一步降低了成员公司的产品成本。到了 1992 年，美国已经可以完全用自己制造的半导体设备生产半导体元件，美国计算机芯片的全球销量也与日本持平。

在"攻关长板"时，不同于日本半导体由政府领导、产业专家来选定 VLSI 超大规模集成电路方向的模式，美国国会限制了美国国防部所属部门修改半导体制造技术项目的权力，技术方向决定权由来自工业界的人才决定，这就使得 SEMATECH 始终保持与市场需求的紧密关系。因此，美国半导体行业不再纠结于 DRAM 存储器，集中力量沿着微处理器、LOGIC 等附加价值更高的产品突飞猛进，化被动为主动，形成了自身独特的创新能力。

日本在新形势面前进退失据，面对 DRAM 市场的萎缩应对迟缓，新业态中又不占据竞争优势，这个昔日巨人只能在苦苦支撑中走向衰落。

在现代战争中，美军就非常注重集中优势、速决全胜。回溯历史我们会发现，SEMATECH 集中兵力的猛攻是美国半导体产业克敌制胜的关键法则，从根本上改变了美日双方在半导体争端中的力量对比和竞争格局。将敌方拉进自己的战场，集中优势兵力重点作战，歼灭敌人主力，进而使战局发生有利于我而不利于敌的扭转——这种集中兵力打歼灭战的作战方式，曾出现在历史上诸多"以少胜多"的著名战役中，也跟 SEMATECH 所领导的"1987 战役"异曲同工。

但如果认为只要"集中力量办大事"就能实现半导体产业链的崛起，无疑是在"刻舟求剑"，日本就是很直观的例子。同样是"举国体制"，VLSI 研究项目就没能在 20 世纪 90 年代持续为产业输送竞争优势。究其原因，国际形势、产业格局、技术趋势、消费市场等种种要素的变化，也在要求作战战略不断跟随外界环境做出调整。

具体到 SEMATECH 成立之时所处的境遇，它的成功需要破解三道难题。

1. 火力集中的效能难题

要让美国半导体企业心甘情愿地团结起来，可不是"政府发道文件"那么简单，需要面临研发资金的调配、团队管理与协调、研究方向的把握、成果的合理分配与使用等一系列问题。

尤其是在日渐复杂的全球化半导体产业链中，如果缺乏统一的战略部署，很容易被分散到各个细分"战局"中去，最终不是被"众筹式"组织的效率拖垮，就是被多点开花的研发耽误，更别提形成自己的核心优势了。

以什么方向为目标、采取何种手段、打击到什么程度能达到最佳作战效果，需要整体性的思考和高效运转。在这一环节上，SEMATECH 的特别之处是工业界对产业的敏感度。当发现成员公司提供给美国设备供应厂商的先进设备不到 40%时，这会直接影响美国设备供应工业的活力，SEMATECH 会很快集中重点，将产业突围的方向放在制造技术和工艺研究上，并取消试验、组装和产品包装等方面的研究计划，围绕制造加工工艺等课题来吸引工业界的参与，产业上下游能够很快达成共识，共同朝着这一起决定性作用的方向前进。

在课题管理上，SEMATECH 也一直强调聚焦。为了集中精力攻关，在 1990 年至 1991 年间，将研究课题数量从 60 个减到 37 个，1993 年则只有 20 个，在一定程度上保证了科研进度。

2. 多兵种作战的管理难题

SEMATECH 是一个由十多家成员公司组成的联合体，有 60% 的技术人员来自成员公司，他们一般会工作两年。这种"联盟模式"也会导致两个潜在问题：一是成员公司彼此之间能否毫无芥蒂地共享研究成果，而不担心技术泄密或彼此竞争；二是来自工业界的员工水平、背景、目标可能各不相同，还不乏受硅谷"车库文化"影响的特立独行人才，他们能否齐心协力、接受统一指挥。

从结果来看，SEMATECH 显然顺利解决了这些隐患，不仅很好地完成了成果共享、实现逆袭，而且在一项美国总审计署针对 SEMATECH 技术雇员的调研中，100% 都表示如有机会愿意再回到 SEMATECH 工作。

管理大师德鲁克曾经说过，企业管理最终就是人事管理。先说人，也就是 SEMATECH 的管理团队。1988 年，美国半导体工业协会主席、英特尔联合创始人、SEMATECH 的推动者诺伊斯，亲自出任 SEMATECH 的首席执行官。这位被尊称为"硅谷之父"的前辈，自然不费力就获得了技术员工的尊敬与认可。其他高层管理人员则来自各个成员公司，最大限度地保证了项目的信息透明度。而技术人员在 SEMATECH 工作过之后，再回到企业时往往会成为各自公司的业务骨干，这也解释了为什么几乎所有技术人员都认可 SEMATECH 的工作经历。

再说事，SEMATECH 的做事文化，一是紧跟产业，来自工业界的管理者对产业现状和问题了如指掌，会就关键议题制定出切实可行的方案；二是聚焦，SEMATECH 只关注各个成员公司共同面临的基础技术问题，后续的产品研发则由企业自己完成，最大限度地保证了资金高效利用，也减少了成果共享时的知识产权风险；三是规避，越接近前沿技术和应用，各个成员企业之间关于技术路线的分歧就越大，利益敏感度也越高，SEMATECH 的"有所不为"也提前规避了这些风险。

3. 以少胜多的消耗难题

20 世纪 80 年代，想要在日本整体实力强劲的情况下突围，"全面战争"显然是不可取的。

尤其是基础科研与军事战争还有所不同，不是"人海战术"就能取得绝对优势，而是需要连续性、专业性、独创性的脑力创造，是一场长期稳定的持久战。如果短时间内仓促"堆人"，把技术骨干们集中在一起，不仅会浪费高精尖人才的创造力，还可能导致材料堆积、方案过多、设备损耗等无谓消耗。

SEMATECH 很快就壮士断腕，放弃 DRAM 这个根本"打不过"的战场，将资源放在真正代表未来趋势的核心领域，营造局部优势，最终用压倒性的创新力给了日本歼灭性的打击，再逐步发展更多产业环节的绝对优势。反倒是日本，在平成年代再也没有采取真正有效的产业扶持政策，以至于彻底与时代列车擦身而过，注定无法再重现往日辉煌。

回顾 1987 年这场美国"反击战"，归根结底，集中火力只是手段不是目的，找到比敌人更强大的决定性力量才是。30 年后，美国白宫出现了一份题为《给总统的报告：维持美国在半导体行业的领军地位》，由美国前总统奥巴马的科技顾问委员会撰写，其中提道："我们认为，中国的政策正在削减美国所占有的市场份额，威胁到美国的国家安全"，并呼吁政府加强审查。

大概是这一说辞实在太过熟悉，日本媒体也在报道中称美国是在故技重施。只是这一次，美国不再是那个被日本在半导体领域逼得仓皇不已的角色，更多的是在未雨绸缪；也不再是行业自救的绝地求生，而是伤人一千自损八百的政治博弈。那么，曾经帮助美国顺利突破日本包围圈的"集中火力"作战方式，对于今日之中国能否依然奏效？也许是的。

首先，半导体领域的研发创新难度远超以往，对资金、人才、供应链的吸附能力和重要性也都上升到了国家战略层面。这就决定了仍然需要遵循集中火力原则，依靠"举国体制"来完成优势力量积蓄。

其次，半导体产业链和市场的全球化趋势使某一个国家无须全面突破。正如一位中国半导体业内人士所说，解决"卡脖子"困扰的方法之一是所有领域都自己做，会面临时间和技术难题；另一种方法则是在某一个或几个点占据绝对优势，集中力量培养出具备全球影响力的半导体企业，也能"卡别人脖子"，从而实现制衡。

最后，与日本当年押注在 DRAM 业务上的产业优势不同，美国在半导体产业链上占据的身位更难快速补齐和超越。这就要求中国在集中火力打造产业优势的同时，也要降低被对方正面狙击的可能性，保存有生力量，更需要实现集中和节约的平衡，力求聚焦一点、突破一点。

战争中，需要避免打那种得不偿失的或得失相当的消耗战。在每一个局部、每一场具体战役上取得绝对优势，就保证了战役的胜利。随着时间的推移，转变为全面优势，直到歼灭一切敌人。集中火力，是拿破仑口中的"战争中的第一原则"，是美国突破日本压制的决定性战略，同样也是今日之中国在半导体领域赢得主动、摆脱威胁的关键所在。

回望 SEMATECH 发起的"1987 战役"，与其说是想找到美国的胜利密码，或者日本半导体的倾塌诱因，不如说是为了从战场的废墟中，找到能让我们在当前产业局势下突围的关键武器。

(26) 从全球贸易网络看芯片博弈

自中美科技发生摩擦以来，在国内被讨论最多的，也是最坏的可能就是美国推动大规模芯片断供。然而事实上美国只是针对部分高科技企业与科研机构进行芯片围堵，并且也往往留有余地。反而整体上面向中国的芯片出口越来越多，场面十分火热。

这种似乎有点奇怪的情况，根源在于政治、经济上的地缘摩擦，与芯片产业本身的市场规律、市场地位之间存在着天然的鸿沟。逆全球化确实正在开启，但很多因素却在阻碍它的发生，芯片就是其中一个。半导体是人类最大的工业成就，同时也是最依赖全球化的产业体系。根据牛津经济研究院发布的数据，半导体产业推动了 7 万亿美元的全球经济活动，直接支撑了占据全球 GDP 总量四分之一的数字经济。

如此大的经济价值，是任何一个国家、任何一种政治势力都无法忽视的力量。

而这支力量对于希望将半导体变成科技战手段的国家来说，有三点严重的阻力。

（1）半导体虽然看起来像是一种可以被用来进行科技制裁的"武器"，但它本质上就是生意，生意就需要买方和卖方。

（2）半导体产业错综复杂，虽然看似美国一家独大，但其实每个部类都存在一定程度的可替代性。

（3）半导体产业的高度全球化，使大量国家、地区、企业从中受益，谁也不想在这个利益网络中被削弱，这导致半导体产业的逆全球化必将牵一发而动全身。

基于这三点，谈论那些因为"卡脖子"就可能发动的芯片战，纯属纸上谈兵。真实的芯片博弈，必须建立在全球贸易网络的多元性中来实现。当然，这里并不是想要鼓吹中国芯片毫无风险，不必走科技自强之路。而是希望明确一点：分析中国芯片产业的未来，应该建立在充分考虑和理解全球半导体贸易体系的基础上。那么就让我们从全球芯片贸易网络中，各主要成员的贸易格局与贸易诉求出发，看看我们所担心的"芯片战"究竟可能性几何。

这里需要说明的是，由于近几年全球半导体市场涨跌幅度颇大，数据高速变化，因此本文将考察范围放在2018—2020年的平均数据中，以便具备更宽泛的参考价值。

目前全球有23个国家和地区具备参与半导体产业多个环节的能力，但其中大多数国家的市场份额与市场参与度很低，比如参与高端研发的加拿大、转口和制造大户新加坡、新兴市场俄罗斯、外包制造历史悠久的东南亚国家等。

以2019年的数据为参考，真正占据半导体贸易主流的是以下国家与地区：美国企业占据近50%的市场份额，韩国企业近20%，日本和欧洲各占10%左右，中国大陆和中国台湾各占5%左右。

在这个格局中，我们会发现全球半导体产业处在利益链相互覆盖、发展诉求彼此环套的精密平衡中——这是一个谁也不敢，甚至不能打破的平衡。

长期以来，全球化的芯片贸易都需要围绕一个中心来完成整个市场的引导。20世纪八九十年代，美国依靠密集的终端设备制造产业，成了消化全球芯片的中心。而随着21世纪以来，家电、显示设备的制造中心迁往亚洲，以及2010年之后智能手机生产在中国崛起，全球芯片的消化中心移向了东北亚。

在这个迁移过程中，韩国的半导体产业占据了得天独厚的贸易优势。可能对芯片贸易没有仔细了解的读者，会惊讶于韩国居然占据了芯片市场 20% 的份额，甚至高于欧洲和日本的总和。这种情况的发生，一方面源于此前美国有意分割日本的半导体产能，扶植韩国的生产能力；另一方面则源于中国芯片需求的成长，让韩国的芯片制造能力找到了长期买家。

在中日韩组成的东北亚芯片贸易三角中，日本失去了芯片制造优势，只能以半导体原材料作为产业主导；而中国则没有发展起核心的芯片制造能力，以芯片购买为主；韩国夹在其中，恰好可以大量采购日本的原材料，在生产后将芯片卖到中国。这个贸易区间让韩国赚得盆满钵满。

目前，韩国半导体出口已经超过出口总额的五分之一，并且持续上涨，其中面向中国市场的半导体出口占到了三分之二以上。在美国向中国发起贸易战后，普遍认为美国的半导体市场份额将下跌，而最有可能占领这一空缺的依旧是韩国。

但韩国强势的半导体贸易也不断遭到质疑，比如半导体产业在韩国经济增长中所占比例过大，国家投资过分集中，间接带来了电器、汽车、造船等老牌支柱产业的疲软。而过分集中在半导体领域的经济发展模式，也加大了韩国贸易体系的风险。比如 2019 年日韩爆发经济摩擦，日本很快就选择对韩国实行高纯度氟化氢等半导体原材料的断供，而韩国对此缺乏应对手段。

另外，随着全球经济局势的发展以及新技术的兴起，中国正在努力搭建半导体上游产业链，加强自身的科技安全系数；日本则希望重新回到半导体下游，依靠 IoT、AI 等新技术窗口重回芯片制造的核心。比如日本的 Society 5.0 战略，就将"成为专注于 AI 应用的领先半导体制造商"定为目标。换言之，中日两国都希望延长产业链，而这势必会损害韩国的贸易优势。东北亚三国的芯片贸易，在短期内属于非常一致的利益共同体，彼此依赖，难以独存，但在长期的产业链升级中却可能出现竞争关系。

再来看看美国。时至今日，美国公司的半导体市场份额依旧占据全球的 50%

左右，可以说牢牢占据着半壁江山，但美国半导体公司在全球产业链上并非没有问题。与来自欧洲和日本的上游竞争、来自中国的下游竞争相比，更多压力来自美国内部。

经过长期的全球化发展与产业吞并，美国公司在半导体产业独占鳌头的另一面，是这个游戏中剩下的硕果仅存的跨国公司。它们在各自所占的半导体市场中搭建了产业链完善的庞大体系，并且基本处于寡头甚至接近垄断的地位。我们很难在美国半导体巨头中见到激烈地对撞竞争，更多的是面向未来的技术布局，以及完成所剩无几的产业吞并。

这些执掌全球半导体权柄的美国跨国公司，已经形成了相对独立的贸易力量与发展诉求，并且与美国政府、美国经济整体的发展需求有着难以调和的矛盾。比如寡头半导体公司需要的是挖掘新市场、新技术的机遇，这就需要持续升级产业全球化趋势，避免技术割裂。

显然，这与特朗普政府，甚至美国将长期推行的贸易保护主义、制造业回流政策有着根本矛盾。但作为美国继石油、飞机、汽车之后的第四大出口项，芯片和芯片背后的寡头公司又在美国政治经济中具有超然的话语权。所以美国政府发动了对中国公司的芯片封锁，但多是雷声大雨点小，尤其不能触动高通、英特尔这种大公司的实际利益。并且美国政府积极推动的半导体制造业回流，也只能拿台积电这样的外来户开刀。

目前的情况是，美国政府与跨国公司各行其是，我搞我的贸易战，你做你的跨国生意，但二者终究会有相互触碰的一天。当实体经济的本土化需求与数字经济的全球化趋势发生难以调和的冲突时，半导体巨头可能是排在软件公司之后的又一只出头鸟。

大西洋另一侧的欧洲，也在围绕半导体发生着众多变化。2020 年 12 月，欧盟委员会召开了欧盟 17 国电信部长会议，会后发表了《欧洲处理器和半导体科技计划联合声明》，宣布未来两三年内将投入 1450 亿欧元（约合 1782 亿美元）用于半导体产业。这份声明与以往不同，着重强调了半导体的战略意义，以及欧盟半导体产业的一体化协同。可以说是全面加强了 2018 年的"欧洲共同利益重要计划"（IPCEI），将对半导体战略利益的关切推动到了欧盟国家层面。

从贸易格局上看，欧洲半导体产业处境有些尴尬，或者说处于不上不下的位置。一方面，欧洲半导体长期参与上游产业链与全球化的进程，培育了众多产业布局完善，可以与美国、日本的跨国公司相媲美的半导体公司。并且欧洲公司在参与半导体全球化的进程里掌握了很多关键布局，比如耳熟能详的荷兰 ASML。依靠这些"家底"，欧洲显然可以在持续攀升的半导体市场与数字经济新周期中占得一席之地。

但另一方面，欧洲（包括英国）占据的全球半导体市场份额只有 10%，与日本一个国家相当。并且市场优势集中在存储、逻辑芯片、模拟芯片等相对次要、低利润的领域。一边是美国巨头把握全球市场的核心份额与利益，另一边是美国一旦发动半导体制裁，首先打击的就是欧洲利益。2020 年的种种迹象表明，以德国为中心的欧盟开始寻求在全球半导体贸易网络中重新获得话语权，并且建立与东北亚市场的全新关系。

欧洲这种"重振雄风"的诉求，会在相当长的时间中逐渐渗透到芯片贸易格局中。从某种程度上来说，欧盟和日本这些曾经辉煌但最终没落的半导体力量，是很难短期内改变什么的。但他们对现状都不满意，则会给目前的半导体格局带来诸多不确定性。

综上所述，今天的全球半导体贸易网络是一个产业能力相互覆盖，但不同国家与地区的区位代表性又比较明显的格局。总体来看，日本是最大的芯片原材料出口国，而欧洲占据着生产设备、底层工艺、工业芯片等领域的主流，韩国和中国台湾地区是最大的"芯片工厂"，而美国的跨国公司则横跨整个产业，占据核心技术，割据半壁江山。这种体系下生产出的芯片，又大规模流向不断上升的亚洲市场。其中又以中国为全球规模最大，也是增幅最快的单体市场。在 2020 年全球新冠肺炎疫情的大背景下，中国甚至在很长时间内成了唯一增长的芯片市场。

如今，中国的芯片需求规模已经超过全球总市场的 35%。当然，这些流进中国的芯片也没闲着，变成了电器、显示器、手机销往全球。在中国转口增值的芯片，是半导体产业中的高净值部分，是各国家与地区、各跨国巨头争夺的核心利益。随着 AI 计算的崛起、5G 商用的加速，中国将继续在芯片需求方的角色上一骑绝尘，并积极布局半导体上游产业，力争芯片的自给自足。

回到全球芯片贸易格局的视野中，中国市场占据了超过全球三分之一的需求份额，并且利润最高、增长幅度最快。这就导致全球芯片贸易呈一个沙漏形状：顶端的美国巨头们需要中国市场来确保利益可持续；中层的韩国则将中国作为核心的芯片出口方向；旁边的日本和欧洲也需要在与中国和亚洲市场建立新联系的基础上，改变自己目前的区位。那么，如果大幅切断对中国的半导体供应，或者中国快速搭建了具有竞争力的半导体上游体系，就变成了各方都不愿意见到的景象。

换言之，改变现状既危险又困难。

如果我们仅仅从贸易逻辑出发，会很容易地发现没有人希望真正损害庞大的中国半导体市场。与此同时，各国对中国半导体市场的期望也不相同，比如美国更希望阻击中国半导体向上游发展的可能，同时以半导体为杠杆撬动其他诉求；韩国则希望美国企业加速撤离亚太，从而让自身填补这个空白，但中国不能发展自己的半导体产业链，否则会直接形成与韩国产业的竞争；欧洲和日本可能更希望中国半导体产业链在一定程度上完成升级，从而与它们各自的上游区位对接，绕开美国和韩国把持的下游市场；而中国自身则必须加速实现半导体区位独立，避免半导体核心技术与产业布局缺失成为战略上的受牵制点，并且要尽快消除庞大的半导体贸易逆差。当然，这样的逻辑仅仅局限于半导体产业本身，如果囊括到更广泛的贸易体系，甚至加上诸多政治因素，那么变量会更加复杂。

从中我们可以发现，被广泛讨论的"热战争"式半导体断供很难真正实现。美国对中国的半导体狙击其实是踩在钢丝上进行的博弈，随时可能牵动各方的利益变化。但与此同时，中国的半导体自立之路也是一样。半导体与军事、航天科技不同，是一个高度依赖市场的产业。完成产业链上升，也不是很多人想象的那样建一些工厂，搞一些研究就完成了。

从某种程度上来说，芯片博弈的历史证明，谁先放弃全球化谁就将大概率掉队。归其根本，半导体是全球化的重要推手，也是主要受益者。作为创新导向的行业，半导体产业一旦受到政府的过度干涉，将可能进入某种恶性循环。有这样几个产业规律，让极端的半导体贸易战很难发生。

（1）可控、稳定的全球市场是摊薄和回收半导体成本的前提。跨国公司和科研机构都以全球市场为预判进行投资，而中国市场超过35%的需求体量，已经处在无法被替代或抹杀的阶段。

（2）过度补贴、政策过度干预、建立贸易壁垒，这些非市场行为被一再证明将影响核心技术的发展，导致不具备技术竞争力的企业获得不平衡的收益，最终损害整体市场前景，降低创新能力。半导体是一头快速奔跑的巨兽，停下来将伤害所有利益体。

（3）有效的人才交流与流动、行业组织协商、知识产权保护是半导体产业发展的土壤。如果政治压力过大，会导致连锁反应，致使创新无法延续。全球化的科研与人才体系造就了半导体的辉煌，也让半导体创新得以持续。

2020年面对全球新冠肺炎疫情，半导体产业依旧在新技术的驱动下完成了7%的增长。这是人类共同的盾牌，很难想象任何一个玩家会在目前的情况下用半导体利益当作赌博的筹码。"芯片战争"的本质，是商业竞争而非科技制裁。在那密密麻麻的晶体管上，生意终将持续，产业还要发展，蛋糕必须被做出来和分掉。

芯片，是创造利益和分配利益的游戏。

27　美国半导体的现实悖论

毫无疑问，中美之间的科技竞争从过去到未来很长一段时间，都将是全球科技产业的主轴，而芯片在其中又占据着独一无二的地位。一直以来，中国媒体都在分析美国实行芯片断供、芯片狙击带给中国的影响，以及中国可能的应对措施。换言之，我们一直都在关注中国应该怎么办。然而作为一种长期竞争机制，芯片竞争带来的影响绝不是单方面释放给中国的。站在赛场另一端的美国，同样也在为一枚小小的芯片困扰不已。

知己知彼，百战不殆。听多了中国半导体的故事后，不妨转换一下视角，来看看同一时间轴下美国对半导体产业的诉求和推动。将中美以及更多国家的芯片诉求对齐之后，或许才能得出芯片竞赛未来的真正走势。

整体而言，近十年来美国的半导体政策具有颇高的一致性。可以总结为：内建工厂，外搞狙击，调和大公司和本土就业之间的矛盾。这些行为的动机，在于半导体全球化的最大受益者美国，把自己绕进了一个悖论的绳结。

信息革命让人类走向了互联网时代，也让美国的几大半导体巨头走向了人类商业史的巅峰。

但全球化格局也给作为美国第五大出口品的芯片产业，带来了一系列近乎不可逆转的影响。比如大公司不断完成产业吞并之后，在各自领域达成了垄断，而这些公司又会追逐利益，不断将研发、生产和市场流向全球化。这导致美国努力培养的几大公司逐步成为"独立王国"式的存在，它们的垄断效应越强，美国中小企业就越难生存，本土就业岗位也就越来越少。与此同时，能够顺理成章攫取全球利益链的跨国巨头，本身的创新幅度也都较竞争期有明显的放缓，进而导致美国的核心技术领先优势逐步萎缩。从亚洲半导体公司的崛起，到美国 5G 的落后都可见一斑。

为了缓解跨国公司与本地经济之间的业态矛盾，同时应对来自亚洲尤其是中国的科技崛起挑战，美国很早就认识到了半导体必须"自救"。从奥巴马政府时期，美国已经开始了一系列半导体领域的政策调整和产业引导方案变革。

比如今天大家熟悉的半导体出口管制，实质上就是在奥巴马时期开始推动的。从最初的提升半导体技术转让门槛，到特朗普时期通过《2018 年出口管制改革法案》（ECRA），继而演变为一系列针对中国企业的"拉黑"计划。美国用了几年时间，把半导体出口政策拉回了 20 世纪 80 年代美日半导体竞争时期的水准。在 ECRA 当中，半导体被列为"新兴和基础技术"出口控制的第一项。在美国企业进行半导体技术转让、出口、企业并购，特别是涉及中国时，都将迎来异常严苛的管制。

另外，奥巴马政府时期也开启了增强美国半导体长期竞争力的一系列布局。比如2017年，当时的总统科学与技术顾问委员会（PCAST）撰写《确保美国在半导体领域的长期领导地位》的报告，提出了美国半导体发展的核心方向。

（1）政府提供更多研发投资和政策吸引人才，改革半导体公司税法和许可证政策。

（2）有针对性地打击其他国家的技术创新和商业进展。

（3）推动和资助半导体行业的核心技术创新。

虽然这份报告在当时被批评为过度谈论战略，缺乏具体落实方案。但在今天来看，这些方向确实引导着美国关于半导体政策的发展，并被特朗普政府继承了下来，更加可能在拜登政府时期发扬光大。所以在我们分析全球半导体产业与中美芯片博弈未来的时候，还是有必要频频回到2017年的这份报告中去思考美国的动机。

2020年美国大选期间，很多美国的街头采访很有意思。无论是问特朗普的支持者还是反对者"特朗普改变了什么"，回答都是，"everything"（改变了一切）。回到半导体产业的视野中，我们很难说特朗普改变了美国半导体的一贯政策，但他确实是一个关键变量。比如他将美国保守派那种特殊的"勇猛"发挥到了淋漓尽致，既不照顾跨国科技公司的利益和面子，也不理睬多方政治博弈的节奏感。很多奥巴马政府时期只是提出方向，大概率会磨磨蹭蹭反复讨论的事情，在特朗普这里都按下了极致的加速键。总结特朗普4年的半导体行动，可以理解为4条：努力建厂，对内减税，抗拒外资，打击中国。

在早先的政策基础上，特朗普政府确定了半导体产业回迁和在美国建立本土晶圆厂，是增加就业岗位的关键；也明确AI和量子计算是下一代半导体技术的竞争关键，加大了技术保护和国家投资幅度；同时，特朗普政府一次次证明了美国敢于把半导体产业当作国际贸易战的狙击手段，为此不惜损害美国大公司与盟友产业链的利益。

而在这些相对广为人知的半导体举措之外，特朗普真正给美国半导体产业造成长期影响，却较少被大众讨论的一点是，2018年开始正式实施的《减税和就业法案》对全球半导体产业链的影响。特朗普自上台起就实施了美国自 1986 年以来最大规模的减税方案，从而推动制造业回归美国。税改之后美国企业的联邦税率由 39% 降至 21%，甚至低于众多发展中国家水平。在此法案基础上，富士康、台积电等企业纷纷宣布了美国建厂计划。

但税改对于半导体巨头的全球化产业链来说却是十分不利的。英特尔、高通、西部数据和德州仪器 4 大企业的纳税额陡然上升，大量的全球化利润被税改抽走。这一举动本来是期望跨国公司大举回迁美国，但"不巧"的是，亚洲尤其是中国市场的半导体需求量却在同一时期大幅提升。一边是重要市场，一边是重税，最终压力撕扯下受伤的只能是跨国巨头以及整条产业链。

特朗普还对中国在美进行的半导体投资建起了他心心念念的高墙，自上台以来推动种种管制政策升级，让中国企业在美国原本兴旺的科技投资断崖式下跌。特朗普上台之后，无论是美国外资投资委员会（CFIUS）进行的投资否决，还是特朗普直接行使总投否决权的案例都直线上升，半导体领域则是遭遇否决打击的典型代表。

2019 年，美国《2020 财年国防授权法案》（NDAA）在参众两院通过。其中包含了一系列激励半导体领域发展，增加美国本土半导体就业，以及对相关企业投资税收抵免的政策。整体来看，这份法案鼓励美国地方政府吸引半导体制造企业和工厂；加大了国家科学机构、国防、能源等部门的半导体投资力度；鼓励以"安全"为主要考量建立半导体供应链；并且创建国家级的半导体技术中心。

从多个方面来看，特朗普都给美国既定的"内增就业，外防中国"政策按下了加速键，并且以一系列法律法规的方式将其明确下来。由于减税、就业、对外竞争这些因素构成了特朗普政府的主要加分项，我们很难相信这些政策会在拜登政府时期遭遇完全相反的调整。

但特朗普政府执行的一系列"美国优先"半导体政策，正在将美国半导体推向更深层的悖论。

从某种程度上来说，半导体是人类在全球化时代培养出的"怪物"。最先进的半导体技术和制程，已经无法被任何一个国家单独研发、制造和消耗，甚至从全球版图中割掉任何一个主要市场都不行。这就导致"美国优先"可能受到美国的众多行业和民众欢迎，但过度的"优先"却会被半导体这个美国核心产业坚决反对。存在优先意味着竞争和割裂，而半导体的本质却是自由贸易和协同生产。

这个悖论或许只有等待一场天翻地覆的技术变革来消除，但特朗普政府的行为却加快了悖论的爆发。比如，在美日半导体竞争中一度担当美国急先锋的美国半导体工业协会（SIA），就在中美半导体对抗中站到了"另一面"。

中美贸易战爆发之后，SIA多次公开表示不理解为何半导体会成为课税目标。因为中国是美国半导体的主要出口国，但美国早就近乎完全禁止中国大陆的半导体产品进入美国市场。于是在半导体领域大肆提高关税，就某种程度上变成了对美国半导体产业的"单向制裁"。2020年3月，SIA公布了其委托波士顿咨询公司（BCG）进行的一项独立研究。这份报告显示，在2018年美国掀起贸易战前后，美国前25大半导体公司收入同比增幅中位数由10%降至1%。而在2019年5月华为被列入"实体清单"之后，美国大型半导体公司营收均发生了4%～9%的下降。

这份报告预测，如果未来3～5年美国在半导体领域继续执行特朗普时期的政策，美国半导体公司会损失8%的全球份额和16%的收入。而这些损失最终会导致半导体公司大幅削减研发投入，从而破坏半导体产业的良性循环。最终既可能威胁美国半导体行业的领先地位，又可能导致大量工作岗位流失。

今天中美半导体博弈，与20世纪80年代美日半导体冲突最大的不同就在于，当时是日本公司层层逼近，导致美国公司举步维艰；而今天中国公司却是美国半导体的客户，甚至是主要客户。美国政府是在基于就业率、总体贸易额，乃至抽象的国家竞争来发动封闭和打击。两者之间的利益悖论，只会导致一系列矛盾升级。

特朗普政府推动的"芯片战争"和附带的"美国优先"价值观，造成的另一个矛盾在于美国及其传统意义上的"半导体盟友"。美日《广场协定》之后，美国、日本、欧盟之间达成了基本的利益平衡和创新协同保障，为接下来的信息革命打下了重要基础。而在目前阶段，无论是半导体迭代还是新的应用空间拓展，都会产生极其高额的综合成本。美国政府和产业链想要摊薄这一成本，只能选择与欧盟、英国、日本、韩国这些国家的产业链进行创新协同。

但创新协同的基础是利益一致，而"美国优先"的半导体策略显然放弃了与盟友之间的半导体利益一致性。事实上，美国回流的大量半导体制造岗位，就是从欧洲和韩国"剥夺"而来的。在对中国建立半导体壁垒时，特朗普政府也一次次选择"背刺"盟友。比如基于瓦森纳协定，美国会动态监管很多欧盟半导体企业向中国的出口，但美国政府却很愿意本着"美国优先"原则，给自己的企业开通行证。这导致很多时候，美国通过芯片打压中国科技企业，最后结局却是美国和日韩芯片继续供应，欧洲公司反而出局了。这种诡异的局面让本就充满利益不平衡的半导体产业链进一步分化。欧盟在 2019 年首次明确了半导体的战略性利益，强调欧盟在全球半导体产业链的存在感，就与美国的一系列操作紧密相关。

在美国半导体的利益悖论里，我们会发现如果"特朗普政策"继续下去，美国的公司，美国的盟友，以及美国的市场，就会纷纷背离美国，这种情况也让美国直接发动大规模、长时间的"芯片热战"变得不太可能。

更大的可能性是，美国会效仿以往对日本和欧洲公司，针对特别具有代表性的企业展开"半导体狙击"和长臂管辖，试图扼杀中国核心科技崛起。与此同时与传统盟友建立更紧密的利益联盟，阻止已经发生的分化持续扩大。

在 2020 年竞选期间，拜登和特朗普的科技政策差异虽然不是重点，但也清晰表明了二人间的不同。比如拜登公开表态称，会改变特朗普一切从国防和国际竞争角度出发的科技政策，更多关注民生和经济领域的创新，倾听来自行业的声音。这一点也与民主党一向的科技政策相符。半导体产业作为民主党的重要支持力量，在拜登政府时期应该会受到更多的利益照顾，而这也可能在一定程度上缓解中美之间的科技对立。

当然，千万不要对中美之间出现重大科技和解抱有什么期待。哪怕仅在半导体产业而言，拜登政府也毫无疑问继承了前两届政府的政策。比如"对华强硬"主张，包括对中国科技的精准打击和压制政策；再如半导体制造业回流政策和减税手段。而且从前两届政府到拜登政策的发展脉络来看，美国对半导体国家化的重视程度产生了史无前例的共识。半导体将是未来持续领导力的来源，美国将持续从半导体领先中受益，或许已经成为美国内部少数极有共识的议题之一。接下来，我们可能会看到美国半导体产业走上更强的国家资本主义道路，拿到更多的国防、能源、科研系统投资。

从博弈论的角度来看，拜登政府会延续美国十年来贯彻的半导体诉求，但手段会更灵活、精准，出现团结盟友、分化中国产业链等更加"阴柔"的博弈手段。

那么再把视角换过来，中国应对美国持续性芯片博弈的逻辑也很清晰：比如借助美国对抗缓和的时机加强核心技术和产业生态发展；对头部企业更精准扶持，确保其生存能力；依靠市场区位团结全球合作伙伴，把美国的战略盟友变成中国的商业盟友；以及在新技术赛道上，绝不能再落后一次。

美国的持续性半导体政策是不可避免地本土化，那么，全球化就是其对手的机会。

第五章

中国底牌

上一章我们整理了中国面临的芯片压力究竟来自哪里，并且从政策法规、政府采购、产业联动、全球贸易等几个角度审视了中国发动半导体突围的方式与动力。如果说这些都是芯片博弈的外力，那么回到芯片的内功本身，企业实力与技术创新或许才是一切故事的开始。

经过数十年的发展，尤其改革开放后拥抱全球市场，中国在半导体产业已经积累了大量"底牌"。他们有的就在明面上，面对来自美国的压力依旧不倒；有的则暗藏在时代的可能性中，等待更多探索与开创。

我们希望从几个侧面真实展示芯片博弈中的中国力量，它们凝聚在一起，让晶体管里的地球能听到来自东方的轰鸣。

28 反常规的华为海思

赛场上的一切都是反常的——以这一点为前提，会更容易理解半导体产业中已经发生并将长期持续的矛盾与冲突。2020 年 8 月，美国商务部刚宣布华为禁令升级，美国半导体行业协会主席兼首席执行官约翰·涅弗就发表声明，称这将给美国半导体行业带来重大破坏。面对危机，海思一度遭遇"麒麟绝唱"的舆论风波（图 5-28-1），但任正非在对外发声中，仍然坚持华为"不会排斥美国，还是要共同成长"。

目光再放远一点，20 世纪 80 年代，美国半导体企业明明彼此之间尚存在竞争关系，却能够在面对日本强敌时，做出技术共享这样充满矛盾和挣扎的选择。

读者可能已经发现了，半导体产业区位的博弈，似乎总是带着艰难、迷惑，至少是不那么畅快淋漓的。而这种感受，可能再没有其他中国半导体公司会比华为海思体会得更加深刻了。

业内流传着一种说法——中国的幸运是有华为，中国的不幸是只有华为。从华为集成电路设计中心中脱胎出来的海思，其位置无疑是极其特殊的。美国调查公司 IC Insights 发布的 2020 年世界半导体企业的营收排行榜显示，海思是唯一一家进入全球半导体厂商排行榜前 10 名的中国大陆企业。然而树大招风，海思也承受着来自美国禁令最为直接和密集的火力打压。

图 5-28-1　海思半导体

某种程度上，海思的困局也蕴含这场中美之间的半导体摩擦，可能带给中国半导体产业的一体两面：既会面临一些不舒服的抉择，必须"两害相权取其轻"；但同时也可以在矛盾中变得健壮，在损失中得到收获。对于这种战争中的反常现象，战略家爱德华·鲁特瓦克曾在《战略：战争与和平的逻辑》一书中分析过：日常生活中秉持的是无矛盾的线性逻辑，但在战略冲突地带，发挥效果的则是另一种截然不同的、违反常规的逻辑。

关于华为海思的发展历程与业绩报表，已经有过很多公开资料梳理。本章希望以反常规战略的视角，来帮助读者读懂隐藏在海思身上的成长逻辑。

2004 年，深圳市海思半导体有限公司（以下简称海思）成立。当时，受中美关系低潮期的影响，中国新成立的半导体企业主要有两股思潮。

一股坚持自主研发，比如 2002 年成立的北大众志，2008 年成立的龙芯等。从最底层的指令集到下游制造全部自主研发，以期搭建起完整且有国际竞争力的半导体产业链集群。从今天的结果来看，这一设想的初衷是美好的，但并没有真正带来中国半导体的兴起。

另一股则是主动融入全球产业分工，从购买现成芯片起步，比如展锐、瑞芯微、炬力，以及海思。优势很清晰，可以很快让中国半导体企业面向全球市场销售，提升竞争力，缩短与美日韩等优势区位的差距和时间差。当然，弊端从中兴事件、华为禁令等事件中也已经体现出来。

在这样的背景下，海思能够一路跃升到全球前 10 的身位，就显得独树一帜了。回到 2004 年，任正非做了一个在当时看来十分反常的选择：孵化海思。

之所以说反常，是因为当时并没有外部压力，华为的 3G 业务已经取得了突破性进展，拥有数万名员工，销售额 462 亿人民币。而海思成立之后，也的确就是做些与通信业务紧密相关的交换机芯片、基带芯片等，面向海外市场销售，属于锦上添花。

而一旦开始，就意味着必须付出巨大的代价。《华尔街见闻》曾报道，2008 年至 2018 年十年间，华为的研发投入将近 4000 亿人民币，其中芯片研发项大约占到 40%。即便大量投入，也有可能一无所获，甚至自取其辱。一次流片失败，几万美元就可能直接打水漂。就算产品成功上市，面对英特尔掀起的、以摩尔定律为基准快速迭代的打法，很可能血本无归。也正是这一个看起来十分反常规、自己让自己难受的战略选择，才有了今天的海思。

明确了业务方向与技术发展路径，接下来光靠投入还不够，产品迭代不能闭门造车，还需要哪里有市场朝哪里去。但市场的选择并不容易，一旦没能快速打出差异化优势，就会陷入"类 DRAM"的价格战危机。所幸华为的通信业务遍布全球，海思的产品线绝大部分也围绕主营业务展开，包括移动通信系统设备芯片、传输网络设备芯片、家庭数字设备芯片等。比如路由器芯片凌霄系列，窄带物联网无线通信芯片，以及首款 5G 基站芯片天罡等。

但这些产品要么市场天花板有限，要么方兴未艾，显然不能解释海思在全球半导体市场的快速增长。最核心的是，21 世纪的第一个 10 年消费芯片市场的两大增长点，都被海思赶上了。

一是数字安防。平安城市建设起步，对模拟摄像头设备进行数字化改造的需求很大，大华、海康等一大批安防厂商开发了 DVR 硬盘录像带，以满足城市监控的需求。而此前华为恰好做过面向通信机房监控的第一代视频监控产品，加上支持 H.264 压缩的芯片踩对了风口，很快就与大华签订了 20 万片 H.264 视频编解码芯片的合同，随后又扩展了海康等客户，成为视频芯片主流供应商。在之后的互联网及人工智能 AI 时代，海思逐步挤占了曾经属于德州仪器、安霸等一线芯片厂商的市场份额，始终保持着优势身位。

二是基带芯片。伴随着高速上网功能需求的保障，华为 3G 数据卡销量井喷，但其中的核心元器件之一基带芯片，却是由高通独家供应的，经常会出现断货情况。于是 2006 年，海思决定开发自己的基带芯片，也就是后来的"巴龙"。

2010 年，海思推出了业界首款 TD-LTE 基带芯片巴龙 700，成为海思打开移动市场的第一枪，随后巴龙系列被相继应用到数据卡、无线路由器、便携式宽带无线装置 MIFI、智能手机等多种终端设备上。海思在基带芯片上的技术优势与积累，也一直延续到了 5G 时代。

这个时期的海思是优秀的，它避开了半导体公司成长路上可能失败的陷阱，实现了成功的防御式成长。但正如一句罗马格言那样——"假如你要和平，就必须准备战争"，反常规才是正确的道路。

2019 年 5 月 17 日，中美贸易争端剑拔弩张，身处风暴中心的华为海思发布了致员工的一封信，其中提到，在"云淡风轻的季节"，公司做出了极限生存的假设，预计有一天，所有美国的先进芯片和技术将不可获得。为生存而打造的"备胎计划"曝光，海思开始把所有的备胎转正。

2011 年，华为成立了一个总研究组织——2012 实验室，任正非对海思总裁何庭波许诺，"给你 4 亿美元每年的研发费用，给你 2 万人"，而当时整个华为的研发费用都不到 10 亿美元。做出这个决定，是因为在任正非看来，尽管芯片暂时没有用，然而一旦公司出现战略性漏洞，对美国半导体厂商的依赖就会暴露出来，可能造成几千亿元的损失，甚至让别人卡住一个点就死掉。

这个点，就是芯片。说是备胎，但其实大众消费者对"大海思"所打磨的产品并不陌生，无论 K3 还是麒麟系列，都曾经搭载在智能手机上出售给用户。因此，神秘的不是备胎，而是备胎"逆袭"的过程。

为什么说是逆袭？一方面指的是麒麟芯片所达成的市场效果。2020 年第二季度，华为手机出货量达到 5500 万部，成为单季度全球手机出货量第一，与麒麟芯片跻身移动芯片头部阵营，比肩高通、苹果有着直接关系。另一方面，麒麟芯片的诸多首创、独创功能，比如将 AI 计算引入智能手机终端，都开行业之先河，引领其他厂商相继跟进的同时，也逐步奠定了中国芯片在大众心中的自研创新实力。

而故事的缘起，是一场"滑铁卢"。

2010 年，苹果自研的 A4 处理器在 iPhone 4 上大获成功，同样有终端消费者业务的华为自然不能掉队。次年，海思拿到了英国 Acorn 公司的 ARM 架构授权之后，很快便抢在德州仪器和高通前面推出了全球第二颗四核处理器 K3V2，也就是麒麟 910。采用了 40nm 工艺，号称是全球最小的四核 A9 架构处理器，和巴龙芯片一起，用在了定位旗舰的 Mate 1、P6 等华为机型当中，尽管销量和口碑都还可以，但在那个年代，"海思芯片"依然被认为不如国际大厂，"拖了华为后腿"。对比后来麒麟芯片在华为手机新品发布会上所占据的核心位置，显然，海思在高端芯片领域的技术威慑力并不是一蹴而就的。

回顾麒麟芯片的"逆袭"过程，可以发现是围绕 3 个技术点展开的。

（1）SoC（System on Chip，系统级芯片）。K3V2 的出现，将处理器芯片 AP 和基带芯片 BP 集成在一起的路线延续了下来，麒麟 920 同样整合了巴龙 720，性能上与上一代高通旗舰芯片相当。海思成立的第 8 年，开始在移动芯片上有了对齐一线厂商的实力。

（2）AI（人工智能）。2017 年，海思推出了第一代 AI 芯片麒麟 970，在手机芯片上加入了独立的 AI 计算模块 NPU（神经网络处理器），属业内首创，比"苹果神经引擎"早了好几个月，也让手机实现了 AI 从无到有的突破。搭载了麒麟 970 的 Mate10 所提出的 AI 摄影概念，随后也成为国内外同行纷纷效仿的标配功能。2018 年，麒麟 980 搭载双核 NPU，带来 AI 人像留色、卡路里识别等一系列 AI 体验。麒麟 990 5G 则搭载了海思自研的达·芬奇架构，与业界其他旗舰 AI 芯片相比，性能优势高达 6 倍，能效优势高达 8 倍。

（3）5G。到了 5G 时代，终端复杂性比 4G 更高，运算复杂度和存储量都提高了数倍，还要满足多种通信模式的兼容，平衡功耗和散热问题，SoC 芯片已经成为行业共识，更是手机厂商的决胜点。海思在产业成熟度、技术专利积累、商用基础方面的优势终于开始显现。

从麒麟 910 工艺、跑分被诟病，到麒麟 9000 多方位领先（图 5-28-2），作为高端移动芯片牌桌上的三个玩家之一，甚至能与高通骁龙、苹果 A 系列芯片在"谁是第一"上展开较量。毫无疑问，麒麟上演了一场华丽的逆袭。

图 5-28-2　麒麟 9000 5G SoC

从军事作战的角度来看，海思在移动 AI 领域的发力，同样是反常规的胜利。避开了在对手规则范围内的直接交锋，找到新技术的支点，出奇制胜，最终达成了身位交换。

可以发现的是，围绕移动终端的半导体格局已经开始发生变化。

首先是能力的变化。麒麟已经在技术层面占位了高端芯片的牌桌，越往高制程工艺发展，拉开差异的过程就越难。这时候想要找到一个支点撬动整个地球，并不是件容易的事，甚至还可能带来负面效果，比如产生无谓的研发消耗、无法完全发挥战斗力、增加组织的管理风险等。

其次是路径的选择。如果说海思当时选择拥抱全球化分工是更为现实的答案，那么在当下的美国打压中，海思所面临的危机是无法与台积电在先进工艺上紧密合作，一向乐观的任正非也表示，今天的困难是设计的芯片（5G SoC 芯片）国内还造不出来。同时，AMD 等厂商停止向中国授权新一代 x86 架构，IP 专利授权的卡位让麒麟芯片的设计与迭代成了未知数。这两大变化让海思必须重新思考发展路径，在中国信息化百人会 2020 年峰会上，华为消费者业务 CEO 余承东提到，海思的遗憾是只涉足了芯片设计领域，更重资本投入的芯片制造领域没有参与。补课是漫长的，生存是紧要的，麒麟的危机如何突破？

海思的反常规动作再一次上演。

既然与台积电的合作扑朔迷离，那不妨另辟蹊径，在中国大陆的半导体代工厂可以掌握的 28nm 工艺上"跳舞"。此前，海思击败高通等几家巨头，独家获得了奔驰第二代车载模块全球项目的超大订单，合同期长达 10 年。同时成立了专属部门，切入屏幕面板驱动 IC 领域。这两大市场的制程需求、技术门槛都不算高，华为"塔山计划"中提到的 45nm、28nm 的自主技术芯片生产线就可以投片。

如果说失去台积电就失去了麒麟高端系列的前路，那么失去 x86 就等于失去了大部分传统 CPU 业务。此时，海思在 ARM 架构上的及早布局就显现出了与众不同的威力。此前，海思就基于 ARM 开发出的服务器芯片鲲鹏 920，构造出了不亚于 x86 的性能与价值。这种长期开发能力让海思并不是孤立无援的，英国 Acorn 公司创始人赫尔曼·豪瑟就曾对媒体表示："对 ARM 来说，卷入禁令是不可接受的，会造成极大的损害"。与 ARM 的合作，也让"卡 x86 脖子"成为可能。

从海思的成长史中，可以大胆得出关于中国半导体突围的"反常规"逻辑。

（1）量变不一定引起质变，中国需要的是更多像海思这样能在关键产业位置上"卡别人脖子"的头部企业，带动中国产业链整体水平的系统性提升，而不是方向、技术、成果雷同的初创公司井喷。

（2）全球化的选择性拥抱。不是完全拒绝全球化平台，但必须快速在最薄弱的环节靠自己完成"跳级"。对于这一点，在 2021 年 1 月的一封总裁办邮件中，任正非是这样说的："只有在那些非引领性、非前沿领域中，自力更生才是可能的；在前沿领域的引领性尖端技术上，没有全球共同的努力是不行的。"

克劳塞维茨在《战争论》书中写道："在战争中一切都很简单，但是就连最简单的事情也是困难的"。一旦我们接受了半导体产业中反常规的无处不在和矛盾冲突的变幻莫测，反而有可能采取一些看似有重大矛盾而实际上符合客观规律的产业政策，就像海思过去曾面对的几次战略选择那样。半导体突围即是如此，从来不存在完美的答案，大多数时候，人们也很难判断其所采用的战术和战略是否恰当，只有两害相权取其轻的矛盾选择与艰难前行。

29　紫光展锐：接地气的"国家队"

在中国半导体领军企业之中，紫光展锐是一个极为特殊的存在——有着芯片"国家队"之称，却没有"叫好不叫座"的烦恼，在市场上表现十分优异，与高通、联发科在基带芯片这一品类上三分天下。中国半导体行业协会发布的"2018 年度中国十大（强）半导体企业"中，紫光展锐位列集成电路 IC 设计排行榜第 2 名。

2014 年《国际金融报》报道紫光收购展讯，使用的标题是——"中国芯"展讯"留美回国"。但这一经历并没有成为紫光展锐的掣肘，在 2020 年分别发布了领先全球同业者的 5G 基带芯片春藤 510、手机 SoC 芯片虎贲 T7520 等，都属于自主研发。

更为有趣的是，紫光展锐是由紫光集团收购展讯和锐迪科之后整合而成的，无论紫光、展讯还是锐迪科，都在半导体芯片发展史上占据着重要的一页，紫光展锐需要在企业管理上融合、平衡、加速前进，这一过程却没有像中芯国际那样出现高层内讧风波，不得不说是神奇的。

我们知道，中国半导体行业想要快速增长，一方面需要快速哺育出在细分市场占据头部位置的企业，实现优势卡位；同时也离不开资本运作，通过并购成熟技术团队来实现快速增长，补足产业链缺口，追求协同效应。而这些在紫光展锐的发展历史上，都顺利地完成了。

在讲述紫光展锐的故事之前，不妨思考这样一个问题：培育一个全球领先的半导体企业，可能会遇到哪些问题？是人才吗？我们注意到，在过去数十年的国产芯片发展中，有半数以上的创始团队和高管毕业于清华大学，其中当然不乏优秀的企业，但只有紫光展锐形成了卡位细分市场的能动性与战略地位。

抑或是资本不到位？事实上，过去数年间，无论是国家大基金还是资本市场，中国公司以大价钱收购海外半导体企业的案例并不鲜见。比如武岳峰资本花 7.64 亿美元收购了美国存储芯片设计公司 ISSI（Integrated Silicon Solution, Inc. 集成芯片解决方案公司）；亦庄国以 3 亿美元将美国晶圆加工设备公司马特森科技收入囊中；我国第一大封测企业长电科技以 7.8 亿美元收购全球第四大封测公司新加坡金科兴朋……这些都在中国半导体的"弯道超车"上发挥了关键作用。

如今各国，尤其是美国拉起防治关键技术外流的警戒线，甚至不惜以国家力量进行制裁时，进口芯片都成了难题，更何谈并购海外优质半导体资产。

显然，人才与资本的优势并不意味着能够复制出一个紫光展锐。这不禁让大众更加好奇，紫光展锐到底做对了什么？要回答这个问题，自然得先了解一下紫光展锐是一家怎样的半导体企业。

首先，它在危局中诞生。

20 世纪 90 年代，中国半导体产业刚刚起步，原有的数十家半导体企业在全球化竞争中风雨飘摇。2000 年，国家工业和信息化部的"前身"信息产业部发布了"18 号文件"，首次明确鼓励软件与集成电路产业的发展。一批海外学子受到感召，计划回国创业，其中就包括陈大同、武平等人，他们联合创办了展讯通信，发力自主知识产权的手机基带芯片。2018 年，展讯通信和锐迪科微电子正式合并为紫光展锐。

紫光展锐的表现是有目共睹的。如果说 2G/3G 时代的中国是在追赶，那么 4G 时代已经与国际并行，5G 则实现了领先。其中的每一步都有紫光展锐的身影。如今，紫光展锐是全球第三大手机基带芯片设计企业，也是全球仅有的五家 5G 基带芯片供应商之一。2020 年，华为轮值董事长徐直军曾表示，在芯片代工被禁的情况下，华为还能从韩国的三星、中国台湾联发科、中国展讯购买芯片来生产手机。

其次，它是一个自主技术的追寻者。

诚然，理想主义是中国半导体从业者最不缺乏的一种精神，但紫光展锐之所以能够做到，本质上还是依靠其在技术上的引领性。紫光展锐的技术发展史，也是中国芯片的发展史。回国后，陈大同等人发现，中国手机芯片在 2G 产品上几乎已经没有任何办法了，当时国家信息产业部曲维枝副部长感慨道："如果 3G 还是如此，实在无法向国家交代！"

当时展讯面临的第一个任务，就是研发 3G 手机芯片。2003 年，中国第一款拥有自主知识产权的 GSM/GPRS 手机基带芯片 SC6600 系列问世，拉开了中国本土企业制造手机芯片的序幕。在研发过程中积累了大量的创新，比如基于 GSM/GPRS 多模结构的四合一芯片功能整合架构的 SoC 系统级芯片，以及软硬件协同设计、并行开发技术，在今天看来都不过时。

TD-SCDMA（时分同步码分多址）成为中国迈出争夺通信标准话语权的第一步，展锐也成为当时全球最早成功支持 TD-SCDMA 标准的芯片设计公司。核心芯片的突破，为展锐赢得"2012 年国家科学技术进步一等奖"。2011 年初，展锐推出了全球首款 40nm 低功耗商用 TD-HSPA/TD-SCDMA 多模通信芯片 SC8800G，是我国首次在半导体商用芯片设计上超越欧美企业。

如果说 3G 技术是跟随，那么 4G 则是并驾齐驱。紫光展锐的前身展讯在 2016 年相继攻克了 16/28nm 纳米先进工艺、数模混合设计实现、LTE 通信链路设计、LTE 关键算法设计及硬件实现、高速硬件加速器设计、低功耗设计、多模协议栈设计实现等方面的众多技术难点，有效解决了 TD-LTE（分时长期演进，4G 网络的一种模式）商用对于多模通信芯片所要求的高集成度、低成本和低功耗等关键问题。

到了 5G 时代，紫光展锐开始引领技术发展，抢先进行技术预演及标准制定，产品研发上与国际主流芯片厂商一起站在了第一梯队。尤其是在需要最长时间积累、门槛最高的 SoC 芯片领域，虎贲 T7520 SoC 手机芯片成为继高通、三星、联发科和华为之后的全球第五家自主研发企业（图 5-29-1）。毫不夸张地说，紫光展锐是当下能力最强的主流芯片供应商，是中国半导体领域独一无二的存在。从GSM 全球移动通信系统到 5G，从追赶到超越，技术攀爬一直在继续。

图 5-29-1　紫光展锐虎贲 T7520 SoC

值得一提的是，紫光展锐也是一个全球半导体市场的冲浪者。

半导体产业最忌讳闭门造车，凡是成功的企业，都需要贴近商业化市场去追寻技术产品迭代。而紫光展锐的发展史上，几乎都与市场紧密贴合在一起。GSM/GPRS 芯片的研发，为其带来了 1 亿多元的收入，收获国内 30 多家客户，WCDMA（一种 3G 蜂窝网络）基带研发成功，第一款单芯片双卡双待方案 SC6600L2 一举拿下了三星等国际手机厂商的订单，联手三星 Tizen 操作系统，大踏步进军海外市场。相关报道显示，2006 年展讯占据了中国手机基带芯片市场出货量 10% 的份额，仅次于德州仪器和联发科。

紫光展锐率先发布了 28nm 及 16nm 芯片平台，推动了 TD-LTE 商业化加速发展，被众多终端品牌和国际运营商采用，LTE 芯片产品覆盖亚洲、欧美的 20 多个国家及地区。2020 年推出的手机 SoC 芯片虎贲 T7520，与华为海思主要面向华为手机提供产品不同，紫光展锐成为目前唯一由中国大陆厂商推出的市售 5G SoC 芯片厂商，让国产 5G 手机有了高通和联发科之外的更多选择。

如今的紫光展锐，已经构建起了"从芯到云"的科技产业链，完全有机会成为一个有全球影响力的半导体企业，在关键领域上发挥"中国芯"的优势价值与战略卡位。

紫光展锐是为数不多的致力于独立自主移动芯片开发的中国大陆玩家。早在2014 年，4G 智能手机大行其道的时候，紫光展锐就启动了 5G 研发；2016 年在上海、北京、南京设立了 3 个 5G 研发中心，进一步增加了对 5G 研发的投入。

尤其是在 5G 标准都没有冻结的时候就开始 5G 研发，连可供参考的对象都没有。加上 5G 基带芯片的难度成倍数增加，运算复杂度比 4G 提高了近 10 倍，还需要同时满足多种通信模式的兼容支持，以及运营商 SA 独立组网、NSA 非独立组网的不同需求，并克服功耗问题。这道题目让"4G 翘楚"联发科也曾在 2019 年 11 月表示，推出首款 5G 芯片的前半年，是团队最艰难的一段历程。

但紫光展锐一边研发，一边成立了技术专家评审团，采用双向解读的讨论形式不断跟进，才保证了研究进度，最终在 5G 方案上实现了中国大陆的领先。公开信息显示，紫光展锐已在 5G 芯片领域投入了上亿美元的研发费用。

在前面的章节中，我们反复强调市场的重要性，在紫光展锐的发展历程中，规模商用也是其成长的关键。那么，市场竞争力从何而来？以 5G 为例，除了芯片研发之外，紫光展锐还在 5G 生态上做了大量的工作。先后与中国移动、英特尔、华为、罗德与施瓦茨等达成战略合作，加入中国移动"5G 终端先行者计划""GTI 5G 通用模组计划"，加入中国电信全网通产业联盟并成为中国电信 5G 终端研发计划首批成员，联合产业链上下游的十多家国内外企业共同发布了《共建 5G 产业生态倡议书》。

这些合作伙伴的参与，帮助紫光展锐大幅度提升了 5G 产品的商用进程，也让中国 5G 来到了一个新起点。以 5G SoC 为例，能够带动整个生态的联动进化，从芯片、存储、电源到操作系统、传感器等，对中国半导体突围意义重大。

尤其是高通等终端通信芯片厂商短期内不会进入工业互联网领域，而 AI 芯片厂商则难以快速补齐基带芯片能力，众多产业对大算力、高传输、低功耗的电子芯片需求，让紫光展锐来到了一个十分特殊的历史机遇窗口期。

即将到来的 5G 给后疫情时代的全球经济发展带来了希望。但也需要注意到，5G 的产业环境更加复杂，除了手机之外也会涉及物联网、自动驾驶、无人机、工业自动化以及医疗产业等，这就让芯片厂商在服务各行各业时，也必须保证高效、能动、高质量的产品和服务。

中国半导体的发展，常常处在一个冷热交替、拔苗助长的状态：资本到位，

创业公司涌现，高薪抢人，然后低水平地重复开发，无法被市场广泛接受，最后绝大多数作鸟兽散。而原本就不多的半导体人才和资金，就这样被分散在没有明确发展价值的领域和企业中去了。

相比高通、联发科、华为、中芯国际这样的厂商，少有媒体全面报道紫光展锐。但回顾紫光展锐的发展历程，却能清晰地看到技术与市场、困境与突围、资本与管理之间千丝万缕的关系。缕清它们，或许能以更冷静的视角来审视中国半导体投资热潮与突围之路。

30 RISC-V 的中国情缘

说到 x86 和 ARM，大家可能并不陌生。基于 x86 的英特尔与 AMD 几乎制霸 PC 端芯片，ARM 架构也开始在麒麟、骁龙等手机终端芯片上大展拳脚。与这两位“顶流”相比，另一个备受中国半导体厂商喜爱的架构 RISC-V（图 5-30-1），大众层面的认知度可能就没那么高了。不过在产业界人士眼中，它可是被寄予厚望的“潜力股”。

图 5-30-1 RISC-V

比如中国工程院院士倪光南先生，就曾在对比 x86、ARM 和 RISC-V 时，认为 RISC-V 很可能发展成世界主流 CPU 之一，从而在 CPU 领域形成 Intel、ARM 和 RISC-V 三分天下的格局。一款“路人缘”不高的架构，是谁给它与巨头抢食的勇气呢？一个美国人研发的技术生态，又为何对中国情根深种？

说句实话，尽管 RISC-V 流行已经有不少年头了，但要说清楚它到底是什么，可能连产业界人士都是一头雾水。下面我们就尝试用简单的方式来为大家梳理一下。

首先，官方已经给出了明确的定义，RISC-V 是一个基于"精简指令集"（RISC）原则的开源指令集架构。RISC-V 并不是一种处理器或芯片（Implementation），而是指令集规范（Specification）。指令集是软件和硬件之间的接口，在 CPU 中指导它如何进行运算。而作为一套标准规范，它如何被使用来设计芯片级软件系统，帮助 CPU 更高效地运行，那就看厂商们的本事了。

其次，RISC-V 能够异军突起，与其"为开源而生"的特质是分不开的。一款 CPU 支持的指令集可以有很多种，早在 RISC-V 出现之前，也存在多种指令集构架（ISA），比如 x86、ARM、DEC、IBM 360、MIPS、SPARC 等。RISC-V 作为"插班生"，之所以能够"弯道超车"，得益于其彻底开放的特性。

2010 年，伯克利的研究团队在为新项目选择指令集时，发现当前的许多指令集都存在知识产权限制，x86 被英特尔封闭使用，ARM 则收取高昂的授权费用，所以他们决定从零开始设计一套全新的指令集。4 名成员仅用了 3 个月就完成了 RISC-V 的开发工作，并且决定以 BSD（Berkeley Software Distribution）开源协议将其开放。这是一个自由度非常大的协议，使用者几乎不受任何限制，谁都可以基于 RISC-V 来设计自己的处理器，并且不需要支付授权费用。

除此之外，它是按照精简指令的设想被开发的，精简指令集计算机（Reduced Instruction Set Computer-RISC）结构可以降低 CPU 的复杂性，允许在同样的工艺水平下生产出功能更强大的 CPU，自然很快就拥有了大量的开源实践和流片案例。在此基础上，RISC-V 收获了自己最重要的筹码——社区生态。

每一种芯片，想要取得商业上的规模化成绩，都离不开生态系统的支撑。比如 x86 的强大，就源自英特尔多年培养的服务器芯片生态系统。而指令集向上承接软件，向下规范硬件，作为"中间商"的它自然更需要两端的生态力量。伴随着 RISC-V 指令集在技术上的成熟，加州大学伯克利分校在 2015 年成立非营利组织 RISC-V 基金会，打造 RISC-V 生态系统。果不其然，会员数的年增长率超过100%。

谷歌、高通、IBM、英伟达、NXP、西部数据、Microsemi、中科院计算所、麻省理工学院、华盛顿大学、英国宇航系统公司、华为、特斯拉、三星、日立、希捷、阿里巴巴、联发科……一个个知名企业与研究机构加入其中。汇聚了半导体设计公司、系统集成商、设备制造商、军工企业、科研机构等产业力量的 RISC-V，工具链、应用化自然得到大幅增长。

如此重要的开源架构，RISC-V 自然也得到了渴盼半导体产业的政府的高度支持。比如印度政府资助的处理器相关项目都开始向 RISC-V 靠拢，让 RISC-V 成了事实上的国家级指令集；巴基斯坦政府也宣布将 RISC-V 列为国家级 preferred architecture（首选体系结构）。但要说 RISC-V 与哪个国家的联系最为密切，中国真的算数一数二。

一方面体现在产业融合度上。中科院计算所、华为公司、阿里巴巴等在内的20 多个国内企事业单位，都加入了 RISC-V 基金会。伯克利、清华两所高校还在深圳成立了 RIOS 实验室，以扶持 RISC-V 软件生态。2018 年 7 月，上海经济和信息化委员会出台了国内首个支持 RISC-V 的政策。有数据显示，中国有 300 家以上的公司都在关注或以 RISC-V 指令集进行开发。而发展至今，已经有不少企业基于 RISC-V 构建了开源芯片关键技术，推出了相关产品，比如平头哥半导体推出的基于 RISC-V 构架的玄铁 910 处理器 IP 核心。

另一方面体现在国际舆论的动态上。比如在贸易战期间，关于 RISC-V 处理器是否涉及美国出口管制条例，就引发了不小的争论。尽管美国以外的企业（包括欧洲、中国等）自主研制的 RISC-V 处理器并不会受到实质性的出口管制约束，但 RISC-V 基金会还是决定将总部搬到瑞士，这种态度显然与其他美国科技企业拉开了差距。

目前看来，让 RISC-V 与中国情缘不断的核心原因主要有三个。

1.RISC-V 自身的特殊优势

开放原始码指令集并不少见，为什么 RISC-V 能够独得青眼？免费、开放这种共性自然还不够。与历代指令集架构相比，RISC-V 有两个特点。其一是简洁，x86 与 ARM 作为商用架构，为了保持向后兼容性，不得不保留许多过时的定义。而 RISC-V 作为后起之秀，则没有这些历史包袱，由于不用向后兼容，因而指令集文档也相对更短，从而让开发者能更快地上手。

其二，RISC-V 的模块化架构为厂商提供了更高的灵活性，以及定制化生产的前提。RISC-V 是第一个被设计成可以根据具体场景选择恰当指令集的架构，不同的部分可以以模块化的方式组织在一起，就像拼盘一样各取所需，从而得以用一套统一的架构满足各种不同的应用需求。这种扩展性可以降低芯片开发的周期和门槛，小公司也能参与其中，直接提升厂商的差异化竞争力。而像 ARM 架构中的 Application（应用操作系统）、Real-Time（实时）和 Embedded（嵌入式），彼此之间并不兼容，无法进行定制化设计。

2. 中国厂商的大力拥抱

RISC-V 在中国的成功，与我国芯片研发受制于人的现状不无关系。基于开源的 RISC-V，做出具有自主知识产权的芯片，培养相应的产业生态，对于中国半导体来说无疑是沙漠中的一股清泉。

尤其是在政治环境不明朗的情况下，全球 90% 以上的服务器芯片市场都建立在英特尔的 x86 架构上，而 ARM 已经被日本软银收购，虽然可以买到 IP 授权，但缺少了设计 CPU 的核心技术，授权基础上的产业能否长期稳固，也是一道未解之谜。而 RISC-V 指令集本身不是商品，受到的争议自然也就更少。

除了政策上的风险之外，中国如火如荼的人工智能建设，也进一步驱使国内厂商拥抱 RISC-V。比如智能音箱、智能家居等更需要边缘计算能力支撑的 AI 硬件，对架构的灵活性要求也更高，需要不断根据市场和技术的变化来进行调整。RISC-V 就可以满足不断添加新指令的诉求，这对于 ARM 等架构来说就很难。二者叠加之下，RISC-V 成为中国厂商眼中的"良人"也就不足为奇了，这是 RISC-V 与中国情缘不断的核心原因之一。

3. 万物互联的热土

前面讲了中国拥抱 RISC-V 的理由，接下来讲讲 RISC-V 对中国这片土壤的深层依赖。我们知道，x86 指令集基本上统治了 PC 市场，而 ARM 指令集则占领了移动端处理器的大部分市场，在别人的主场，RISC-V 想要撼动市场恐怕难上加难。而 AIoT 领域的出现，则给 RISC-V 带来了前所未有的机遇。

一方面，x86 和 ARM 在这一领域并没有先发优势，更谈不上一统江湖，这给了 RISC-V 与其争雄的前提。另一方面，物联网对软硬件生态系统的要求不像手机那么高，本身产业链短、场景垂直，RISC-V 类安卓的碎片化、灵活可配置的特性，也决定了它更适合在这片天地里自由翱翔。

此外，物联网厂商对于成本更加敏感，RISC-V 免除了昂贵的指令集授权费用，可以激活更多不具备自主设计 SoC 能力的企业加入生态建设的行列中来，开发多样化的 RISC-V 设备，以充分的创新来激活整个开发生态圈。实际上，市面上的 RISC-V 芯片，如华米科技的 AI 芯片黄山 1 号、中天微电子的 CK902 等，都瞄准了物联网这个大市场。显然，当生态建设是由一个国家、整个行业来共同推动时，这种势能远比某个巨头要强大得多。所以说，RISC-V 要高速发展，重视中国也就理所应当。

如果说 x86 时代 Wintel 拼杀的是 PC 和服务器，ARM+ 安卓争夺的是智能手机的江山，那么 RISC-V 与中国产业的拥抱将以 AIoT 为黏合剂，长久缠绵。

如胶似漆之后，如何与 RISC-V 携手走向未来，对中国相关产业的意义十分重大。此时，我们恐怕需要从"热恋"的情绪中短暂地脱离出来，去思考一些"成家立业"的现实问题。

首先，RISC-V 生态相比 ARM 和 x86 依然不够完整，目前主要应用在相对中低端的产品上，在高性能服务器 CPU、GPU 上，没有出现应用范围广的案例。这是因为基于 RISC-V 芯片的相应软件、工具链还有待完善。开放原始码不是拿来就能用的，指令集开源并不意味着 CPU 核心也同时授权，这对芯片公司提出了不小的设计和研发要求。显然，在芯片这块硬骨头面前，RISC-V 只是帮中国企业走了一小段捷径，前方还有崇山峻岭等待我们攀爬。

其次，在前瞻技术尚未攻破的前提下，RISC-V 却已经在国内展现出营销造势过度的倾向。将"国外一开源，国内就自主"的老传统充分发酵，在芯片"卡脖子"的焦虑下，通过炒作、成立合资公司的形式，标榜自主可控。比如在国内大肆宣扬"RISC-V 是开源的"，打擦边球，RISC-V 基金会董事长专门撰文澄清，可能也是面对这些混淆概念的操作无法再保持沉默了。这种消耗大众信任的过度炒作，也会透支 RISC-V 及相关产品的可信度，从而拖中国芯片的后腿。

此外，每一种架构的产业能用性，都需要百花齐放的产业链创新来支撑。RISC-V 赋予各个厂家设计硬件的自由度的同时，也会像安卓系统一样，由于设备多样、向下兼容，出现标准不一、开发生态破碎的问题。

这样很可能产生实际应用时不同芯片厂商的 RISC-V 架构处理器无法适配同一软件的情况。尽管目前很严重的碎片化问题还没有发生，但 AIoT 网络的特性决定了这一现象几乎是不可避免的。

一个强有力的主导厂商，以垂直生态的方式孵化开发者，以标准化来规范大多数程式码，同时为不干扰核心的应用扩展留出空间，建立相关应用市场等基础平台，或许能够更快驱动产业形成 RISC-V 创新生态。

最后，RISC-V 核心应用场景 IoT 的安全问题也必须开始交付完整的产业解决方案。SoC 芯片的安全机制，往往是由硬件强制隔离程序、资料和存储，建立可信任执行环境；以唯一证书和密钥作为信任根，加上安全启动以及一系列工具等，来共同为系统安全保驾护航。RISC-V 的系统指令、特权指令里没有安全指令，采用软件定义域 MultiZone，以硬件强化的方式来保障稳定运行。

在这种情况下，RISC-V 想要借助 AIoT 和 5G 浪潮蓬勃发展，与 ARM 和 x86 竞争，就必须在安全性上更胜一筹，才能得到芯片厂商与普通用户的信任。

分析机构 Semico Research 在《RISC-V 市场分析：新兴市场》的报告中指出，预计到 2025 年，市场将总共消费 624 亿个 RISC-V CPU 内核。RISC-V CPU 内核从 2018 年至 2025 年之间的平均复合年增长率将高达 146.2%。其中，5G 手机、通信、工业等细分市场，将为布局 RISC-V 的厂商带来新机。

今天我们能够探讨 RISC-V 在中国市场的走红，也证明了中国半导体企业已经发展到了一个新的阶段，拥有了向更高产业天花板冲击的自信与潜力。除了 RISC-V 之外，龙芯、MIPS 等开源架构也在产业独立自主的备选名单里。

这一场顶层架构争夺战，到底会延展出怎样繁盛的细节，值得我们持续关注。

㉛ 中国的"新计算"突围战

2018年中美贸易摩擦以来，芯片"卡脖子"的问题得到了全民关注，社会各界达成高度共识，要让中国芯片冲出桎梏，走向自立自强。

可能所有人都同意，中国半导体产业需要的是按下加速键，而不仅仅是在常态下缓慢发展。但我们又能看到，很多在宣传中声称能一举解决芯片问题，并且进行巨额投入的半导体工程结果大多不尽如人意。要么最终产出的芯片性能不如预期，要么在建设过程中出现重大问题而不了了之。

总结国产芯片，尤其是CPU类通用计算芯片产业发生过的问题，一般可以看到3点。

（1）芯片配套的软件与开发生态难以建立，最终产品成了无用武之地的摆设。

（2）制造业水准落后，导致自主生产芯片难以适应市场需求。大多数业内人士认为，国产芯片可以完成28nm制程的自主化制造。但这一水准的芯片应用范围有限，尤其在高性能计算机、智能手机等先进设备中不具备竞争力。

（3）投资与产出比较低，社会资本和优秀人才不愿加入产业链。而大量依靠政府投资又很可能导致产出品缺乏市场价值，进而造成成本浪费，持续削弱半导体产业的商业活力。

这3个问题互为牵制，彼此影响，形成了困扰中国半导体突围的闭环。比如很多人认为，发展自主可控的高水准半导制造能力是破局关键，但这会导致更多资源在相当长的时间内不见回报，继而导致社会资本和人才持续流失，也无法基于市场应用聚拢生态。而如果高度依靠市场，则全球化半导体体系中有大量选择，国内厂商更多会专注于半导体设计和下游产业，缺乏上移产业链的动力。

想要打破这几个因素之间彼此牵制的矛盾，一方面需要整体性的产业规划引导，避免分散投资导致大量"从头造轮子"的情况发生；另一方面需要兼顾生态和商业之间的平衡。就像 x86 最终能够基本统一 CPU 计算市场那样，底层技术平台的协同一致，能够最大限度地壮大生态，促进商业繁荣。

从有利的角度看，中国拥有全球最大的半导体市场，具备半导体各相关领域的产业链基础，并且拥有从国家到地方、从企业到个人的半导体发展共识，这让中国半导体产业的选择颇多，整个产业的利益出发点也高度一致。

2020 年 8 月 4 日，国务院发布了关于印发《新时期促进集成电路产业和软件产业高质量发展若干政策》的通知。该政策可以说是新一轮国家促进集成电路产业发展政策的代表，明确了面向集成电路设计、制造、封装、测试、装备、材料等多个领域，全面推进半导体产业发展的决心和方向。有分析人士认为，这项半导体新政策与以往的差异之处，一方面在于强调了软件产业与半导体必须协同发展，打造硬件可用的生态；另一方面则是关注了半导体产业链的全周期建设，强调全国产业的协同性与上下游补全。

从中我们可以看到，中国对半导体产业发展的关注重点，正在从过去单项目启动、单技术攻关的传统模式，走向生态、商业、产业链并进的全新态势。这不仅意味着更多软件开发者、生态链企业、半导体创业者将会分享半导体产业发展的红利，更意味着中国半导体产业发展将包容更多可能性——我们期待的芯片加速突围，很可能就孕育其中。

以半导体产业中最重要的计算产业为例。过去很长时间，中国企业与科研机构应对自主可控的计算芯片的需求，方法都是从头打造一颗 CPU。但在这种模式下，最终产品无法使用国际先进的设计与制造工艺，自然也就无法与市面主流产品媲美。而相对封闭的研发模式，又很难支撑起芯片应有的软硬件生态。

如果自起炉灶行不通，中国是否可以在全球计算产品的基础上，以相对平衡的方式发展出"新计算"呢？近几年我们已经看到越来越多类似的可能。比如，为了打破英特尔 x86 计算架构的近垄断局面，越来越多的公司开始尝试基于 ARM 架构打造服务器、计算机芯片。这种策略的合理性在于，ARM 架构以买断

IP 形式进行交付，一次购买后可以永久使用，相比 x86 架构来说具有显著的自主安全性；与此同时，ARM 架构具有更广泛的生态基础，能够更轻松地连接到软硬件生态体系，避免"芯片孤岛"情况的出现。

前文已经讨论过 ARM 的发展历史与战略地位，ARM 所提供的多样性计算可能，在全球范围内得到了广泛的生态支持。2019 年，AWS 公布了基于 ARM 架构的 Graviton2 处理器。2020 年，苹果推出了基于 ARM 架构 CPU 的计算机产品 Mac 和 MacBook 系列。至此，国际主流厂商打破 x86 垄断，拥抱"新计算"的趋势已经非常明显。

在半导体产业的历史中，新旧技术的转换期往往是产业突围的触发点。在目前这个阶段，摩尔定律逐渐走向瓶颈，旧有计算体系进入了增速放缓、无法满足新计算需求的产业尾声期。云边端一体化计算、通用计算与 AI 计算的结合、数据中心的功能转变等趋势，都对打破 x86 垄断，走向多样性计算发出呼唤。在全球产业链普遍存在渴望"新计算"的背景下，在中国发展基于 ARM 或者其他架构的新计算体系，也就成为中国半导体按下自立自主加速键的绝佳契机。

我们以华为推出的鲲鹏芯片体系以及相关生态发展案例，来审视一下基于 ARM 的新计算体系，为什么能够成为半导体突破的一个多方平衡点。

2019 年 5 月，美国宣布将华为列入"实体清单"，实行大量半导体产品的封锁。一时间各界都在焦急等待华为如何应对这一危机。在 2019 年 9 月 19 日的华为全联接大会上，华为正式对外发布了鲲鹏 920 芯片，这款芯片基于 ARM 架构，可以提供高性能、云边端架构统一的通用算力。同时，为了让这枚新芯片具有生态应用和市场前景，华为发布了基于鲲鹏 920 的服务器主板以及台式机主板（图 5-31-1）。并且宣布鲲鹏硬件将全面向业界开放，而华为基于鲲鹏打造的基础软件，比如服务器操作系统、数据库等全面向业界开源。

这样一来，华为就在 ARM 架构的基础上，结合自身在计算、存储、智能等产业的技术优势，快速整合出了一套超越 x86 的传统架构，并且基础软硬件齐备的计算生态底座。既避免了长时间的上游投入导致业务中断，同时又突破了美国的半导体封锁线，实现了符合多样性计算需求的产业突围。

而业界对鲲鹏的最大疑问在于，其能否有效组织起软硬件生态，成为真正走向市场的计算底座。而后我们可以看到，鲲鹏快速得到了各地方、各行业的认可和支持。比如在河南，2019 年 11 月 2 日明确将黄河鲲鹏项目的生产制造基地落户许昌，中间完成了车间选址、产线建设、人才招聘，最终黄河鲲鹏首批产品下线仅仅用了 58 天时间，刷新了河南实体企业落地的速度纪录。这一方面可以看出河南代表的中国地方经济对半导体、计算产业的重视程度，另一方面也可以看出鲲鹏软硬件基础齐备，对于推动产业落地的重要意义。

图 5-31-1　黄河鲲鹏服务器

河南的黄河鲲鹏产业快速发展，仅仅用了 6 个月时间，基于鲲鹏处理器的黄河鲲鹏服务器主板研制成功。随后黄河鲲鹏品牌的服务器与 PC 接连问世，在众多产业中投入应用。在 2020 年抗击新冠肺炎疫情期间，河南省内的防疫"健康码"就是基于黄河鲲鹏产品运行的，在抗疫防疫过程中起到了关键作用。此外，黄河鲲鹏还在数字政府、安平、运营商、金融、电力等行业投入使用，支持大量数字化业务完成国产化转型。

从一个大众认知中的农业大省、传统经济大省，到拥有自主品牌的服务器、PC 等主要计算产品，黄河鲲鹏在不到半年的时间内完成了这样的转变。以小见大，以点窥面，从 ARM 架构到鲲鹏软硬件体系，再到黄河鲲鹏和河南自主计算品牌，这一系列多米诺骨牌一样的高速变化，就可以理解为"新计算"的价值展现方式。它既站在国际技术发展与全球化产业趋势的基础上，同时也满足半导体产业自立自强的核心需求；既承担核心技术自主可控的任务，同时也兼顾软件生态、行业需求与市场规律。

这种产业模式展现的平衡与综合特性，或许能够为中国半导体产业发展中的更多领域所借鉴。发展自主自强的半导体体系，既不是割裂市场，埋头造车，也不是一味以市场为重心，不发展自己的核心技术与基础平台、制造能力。二者的综合，需要整体的产业引导与政策扶植，也需要对全球技术趋势与产业动向的精准判断。半导体产业是一门十分复杂的课程，并不存在非此即彼，非市场即自主的情况。在拥抱全球与自立自强之间，存在着大量的可协调、可平衡地带。

另外，也只有顺应变化，推动变化的玩家，才能主导游戏的未来进程。中国半导体的发展并不仅仅是为了弥补昨日的不足，更多的是为了洞察未来，创造未来。

㉜　AI 芯片，一个新高地的召唤

20 世纪 80 年代后期，美国在半导体领域全面反超当时如日中天的日本。这场半导体之战中，美国真正的"利器"并非在原有的大型机市场里赶超了日本，而是开启了全新的微型机与家用半导体市场，用新技术、新应用、新市场一举颠覆了日本半导体的优势。

这个案例传达出的重要信息在于，芯片战争的胜负手往往不是你追我赶的速度，而是谁能开启并决定芯片产业新的重心在哪。夺取了新高地，就意味着获得了全新发展周期中的巨大优势。

那么在今天，中国芯片的"卡脖子"问题，是否也有可能利用开辟新战场的方式扳回一局呢？至少有一个领域，让中国芯片产业看到了希望——人工智能。

自 2016 年以来，人工智能在全球范围内发生了"第三次崛起"。以深度学习为代表的新技术体系在各行业落地应用。在这个过程中，中国科技与互联网企业表现出了效率极高的人工智能应用与研发效率，至少可以说与美国公司保持了并驾齐驱；与此同时，人工智能发展在中国快速上升为国家战略，并得到了各方面的扶持与帮助；智能音箱、人工智能摄影、人脸识别等几大基础 AI 应用，在中国很快达到了家喻户晓的程度。

与人工智能软件紧密相关的基础设施就是人工智能硬件，尤其是人工智能专项处理算力的需求不断扩大。就像面对 20 世纪 90 年代末崛起的家用计算机、游戏机图像处理需求，出现了从 CPU 之外的 GPU 发展机遇一样，人工智能也需要独立的计算方式与计算产品来支撑，这就构筑了一个全球芯片版图里的战略及新高地。与经典计算芯片中二进制的计算逻辑不同，以深度学习为代表的人工智能技术，本质上是一种统计学上求取最优解的计算方式，需要完成以张量计算为代表的全新计算逻辑。这就让提供这种计算方式的人工智能芯片，在产业发展进程里长期处于供不应求的状况。

从另一个角度看，人工智能产业发展的天花板，也受制于相关芯片产业的发展水平。我们曾经访问过一位在中国某高校就读的生物学博士，他希望能够用深度学习技术完成毕业论文中的研究，但学校仅购买了一条链路的人工智能计算服务，在校内排队使用需要几个月，测算一次之后如果有误还需要再等几个月，最终只能放弃这个研究方向。类似的例子还有很多，人工智能芯片产业的发展水平，直接决定着人工智能算力是否充足，而人工智能算力又支撑着工业互联网、自动驾驶、智能机器人等大量社会经济发展的重要方向。人工智能芯片，可以说是智能时代的战略级基础设施。

相关数据显示，从 2012 年深度学习技术诞生到 2020 年，全球人工智能算力需求增长了数十万倍，这也让人工智能芯片的市场快速发展起来。根据 Gartner、IDC 等数据机构统计，2020 年全球人工智能芯片市场规模达到 101 亿美元，预计 2025 年可以达到 726 亿美元。同时，人工智能芯片还引发了边缘计算芯片、物联网芯片、自动驾驶芯片的协同发展，创造了极为丰富的芯片市场机遇。

在人工智能芯片崛起的大势中，中国人工智能产业的发展，以及人工智能芯片的应用规模又处在领先的发展速度中。2016 年，中国人工智能芯片规模已经达到了全球的 20%，随着发展速度的进一步加快，到 2023 年中国人工智能市场规模将达到全球的 25%。凭借着巨大的人工智能算力需求、人工智能芯片市场，以及繁荣且高速发展的人工智能产业，在中国科技走向自立自强的进程里，人工智能芯片可以说是独一无二的机遇。

幸运的是，中美在人工智能芯片上基本处在近似水平的起跑线上。虽然芯片制程工艺、芯片制造体系等基础依旧制约着中国人工智能芯片的发展，但在芯片设计、芯片架构以及软硬件基础设施等领域，中国与美国不存在明显的差距。

人工智能再次兴起以来，美国科技公司中的最大赢家是在 GPU 市场独霸江湖的英伟达。据说基于一次意外的尝试，英伟达研究人员发现其旗下部分型号的 GPU 非常适合深度学习的计算架构，于是英伟达快速成了人工智能芯片发展早期的唯一选择。除此之外，谷歌也在 2017 年推出了适用于云端芯片的人工智能芯片 TPU。这两家公司也是人工智能发展第一阶段中能够提供大型人工智能芯片的厂商。在手机代表的终端侧，苹果和高通都发力了人工智能终端芯片；英特尔、亚马逊等企业也陆续投入人工智能芯片的浪潮中。人工智能芯片成了硅谷科技公司眼中共同的大蛋糕。

在国内，有巨大的人工智能商业价值作为牵引。在 2018 年美国制裁"中兴事件"之后，各界对国产人工智能芯片给予了高度关注和期待，国产人工智能芯片产业很快得到了高速发展。在这个进程中，我们可以把中国人工智能芯片矩阵的"突击队"成员分成三组：应运而生的人工智能芯片与算法公司；拥有大量人工智能业务布局的互联网公司；以华为为代表的科技基础设施企业。

第一类"参战者"，以寒武纪、地平线等几大人工智能独角兽为代表。2016 年成立的寒武纪，本身是以提供移动芯片中的人工智能运算 IP 起家，在人工智能计算领域拥有独特的技术基础。2018 年之后，寒武纪开始推出自研的云端与边缘侧人工智能芯片，逐渐走向了芯片整体化的道路。而地平线则以车载自动驾驶芯片解决方案为起点，逐渐在车规级人工智能芯片上取得了优势，并且打造了自己的人工智能开发平台。

第二类是几大互联网巨头参战人工智能芯片。阿里巴巴在 2019 年发布了首款人工智能处理器含光800，可以应用于云端人工智能运算。百度也发布了人工智能芯片昆仑系列，昆仑1在2020年实现了2万片规模化部署。并且百度还在2021年春节前宣布成立了半导体子公司，持续加大在人工智能芯片领域的投入，与百度旗下的百度大脑、百度飞桨、百度智能云一起组成了从硬件到软件的贯通式人工智能基础设施。

第三类是人工智能芯片领域发力最早，规模最大的华为，这或许也在另一个角度解释了为什么华为在这个阶段经历了众多额外的关注与压力。

2018年，华为宣布正式进军人工智能芯片领域，发布了用于端边侧人工智能推理运算的昇腾310芯片，以及在云端用于人工智能训练的昇腾910芯片（图5-32-1）。与此同时，华为还陆续搭建完成了人工智能训练框架、软件开发使能、人工智能自动化训练平台等一系列软件基础设施，构筑了从底层到开发层全栈、从云到端全场景的人工智能战略。

图 5-32-1　昇腾 910 芯片

基于昇腾310芯片与昇腾910芯片，华为打造了终端模组、小站、板卡、服务器、人工智能训练集群等一系列人工智能计算产品，这些产品又在华为的多种业务体系内与各行业完成了贯通。比如南方电网就与华为合作，实现了利用无人机搭载昇腾310芯片加载的人工智能板卡，实现电路远程巡检的智能化、无人化。过去需要巡检工人翻山越岭，花费数日才能完成的工作，在人工智能的帮助下可以在二十分钟内完成。

这样的人工智能改变，将持续发生在中国的各省市、各行业、各领域内，并且将与其他重点发展的技术体系产生"化学反应"。比如云计算具有与人工智能天然结合的特征，人工智能训练算力是一种企业的弹性需求，并不会持续发生，云计算可以将人工智能算力按照需求切割给企业，实现社会资源与企业成本的合理化。

而企业使用云计算来部署人工智能，又必须依靠高可靠性的网络，这就让千兆宽带、5G 等新一代网络基础设施有了用武之地。在舟山码头，基于人工智能的龙门吊改造工程，让众多龙门吊驾驶员可以告别高危险且带来沉重身体负担的工作环境，远程完成龙门吊操作。为了保证远程龙门吊不会出现卡顿、延迟等意外情况，就需要 5G 网络来进行加持。

由此可见，5G、云计算、大数据、人工智能等产业，在目前的社会发展中具有高度协同性、关联性，而人工智能芯片则构成了这一系列技术完成协同发展的基础。从另一个角度看，这些技术在不同行业、不同领域的应用，也让中国人工智能芯片产业具备了持续创新发展的原动力。供需两端结合，组成了人工智能时代对中国芯片新的呼唤。

中国是否能用人工智能芯片的机会完成半导体产业的超车，一举解决"卡脖子"的问题，在今天依旧是没有答案的一件事。但可以肯定的是，最终答案的一部分写在了中国人工智能芯片的发展利好里。比如人工智能和相关芯片产业是全球共同关注的科技议题，中国不会在人工智能芯片的发展上产生"为了发展而发展"，无法并入全球市场体系的隐忧。

与此同时，中国在互联网、大数据、IT、通信等领域几十年的积累，奠定了在人工智能领域与全体同跑，甚至领跑的利好优势。这些优势都会回到人工智能芯片的核心赛道中，构成良性的发展循环。

更广阔一点看，人工智能芯片具有与云计算、5G 等技术高通协同的特征，中国在这些领域具有良好的发展势头，可以组成紧密的产业优势网络。而人工智能本身作为一种行业辅助技术，可以与各种行业的生产系统结合，释放智能化的生产力。这非常符合中国行业众多、产业链齐备的经济特点。

当然，中国人工智能芯片也并非一骑绝尘。人工智能芯片依旧是芯片，半导体基础的薄弱也将给人工智能芯片带来一系列制约。并且在人工智能基础研究、人才培养、开发者与软件生态建设等领域，中国还有很长的路要走。人工智能算力在今天依旧主要应用于头部的科技与互联网公司，缺乏广泛的行业应用基础与相关配套设施。

归根结底，人工智能芯片的核心逻辑在于，人工智能技术正在驱动信息与数字产业的变迁。信息时代正在向智能时代切换。改变就意味着机会的产生，数十年间的一场场芯片之战莫不如此。

拥抱变化，才是芯片的哲学。

参 考 文 献

[1] 钱纲 . 芯片改变世界 [M]. 北京：机械工业出版社，2019 年 .

[2] 史蒂夫·乔布斯列 "50 名本世纪经济最有影响力人物第五位" [J]. 电子科技，1999，24.

[3] 胆机是怎样走过来的（上）[J]. 实用影音技术，2010，10.

[4] 光刻技术的历史与现状 [J]. 科学，2017，3.

后记

分析师，参与者，战士

时至今日，笔者还记得"中兴事件"与美国宣布将华为列入"实体清单"后，在我们身边、在社交平台上、在各个媒体中，那种弥漫出来的悲怆与不甘。

但不知道大家有没有发现，这些情绪往往缺乏一个最终的出口。或者说我们身边的大多数人，都无法就中国芯片问题给出一些答案。说个有点极端的例子，就连热爱街边闲聊的大爷们，平时对军事、政治、国际金融说得头头是道，但到了芯片问题，能说的无外乎三句："华为厉害""对等制裁""中国必胜"。

如果悲愤仅仅停留在悲愤，那么情绪将毫无意义。

于是笔者开始思考，是否能够把芯片历史上的种种狼烟杀伐写出来，让大家知道其中的奥秘与逻辑。哪怕只是记住了几个掌故，能够在闲暇时作为谈资。至少到了这一步，我们与芯片博弈之间的关系就推进了一层：咱们这些事后诸葛亮，说好听点可以是芯片赛场上的分析师。

本书的上半部分讨论了历史上芯片技术、区位与公司之间的种种博弈。事实上，芯片就像其他科技战、商业战一样，有自己的规律、逻辑和胜负史。这些因素发生在过去，但依旧影响着今天和未来。也只有理解了这些因素，才知道接下来如何应对，如何破壁，如何突围。对于芯片的了解，可能也是行动的开始。

可能很多人都觉得，芯片仅仅是半导体产业从业者和科学家们的工作，距离我们平头百姓非常遥远。但仔细看看周围，会发现今天我们就生活在一个数字时代，在你方圆1米之内至少会出现3枚以上的芯片。你就是芯片的最终用户，是可以影响这个市场的变量。你的学业、你的工作、你的认识，都会影响芯片博弈的最终走向。

本书的下半部分分析了中国芯片面临的外部环境、突围逻辑，以及中国芯片产业具有代表性的企业与技术机遇。基于这些内容，本书希望确定你和芯片之间的第二个身份：你，就是芯片战争的参与者。

因为操作系统和计算机芯片，可以说是中国芯片最薄弱的环节，而在今天，大量搭载国产芯片的行业专用计算机正在走向市场。如果你所在的行业、企业、学校更快引入了一台这样的产品，那我们就在芯片的自立之路上迈出了一步。

关于这场中国芯片突围赛有哪些路要走，有哪些工作可以让我们去帮助推动和完成，我们可以轻松列出6点。

（1）社会各界对中国半导体产业的基础短板、发展空间形成共识，尽量避免盲目自卑与过度自信。给芯片产业，尤其是基础科学发展以可持续的舆论与社会环境。

（2）产业历史证明，芯片破局很可能集中爆发于头部公司。而中国半导体产业的头部公司往往面临与欧美巨头的直接竞争。这里并不想劝大家无条件支持国产，但不妨在可选择区间里，给中国科技多一分支持。

（3）芯片突围同样依赖于外部环境，在全球半导体博弈中，共同利益的创造者和分享者往往是阶段性赢家。而半导体外部环境又需要全球化的往来、沟通和信赖。你与世界的一次交流，或许就是中国半导体拥抱全球化的某种助力。

（4）面向产业市场的半导体发展，是中国芯片目前的关键出口，而产业市场的壮大依赖于行业应用和行业需求持续打开。你的行业知识、专业经验以及岗位职责，或许就是中国芯片的一次新机会。

（5）物联网、AI、云计算，这些新技术的崛起给底层半导体产业带来了巨大的想象空间，主动拥抱新技术，成为智能化、云化时代的抢先客户。你点亮的，也许就是中国芯片的未来。

（6）芯片战争，归根结底是人的竞赛。持续的人才输入是半导体产业生命力的根基。今天的中国，无论是半导体领域，还是相关的通信、机械工程、软件、AI，都有着巨大的人才缺口与持续发展机会。如果你是选择专业的学生、选择创业方向的开发者，或者寻找更好机会的科技从业者，不妨考虑一下本书中讨论的芯片机遇。它们是你的机遇，也是中国的机遇。

芯片战争，最终会是一场人民战争。当然，不是每家公司都应该做半导体，但每家公司、每个人都可以在市场中做出选择，都可以用自己的了解、见识和分析去形成合力。20 世纪 90 年代，美国推行了"信息高速公路计划"，最终是消费者用一台台家用计算机，帮助美国芯片产业重新崛起，构建了美国在信息革命中的领导地位。

今天，你的手机，你的办公室，你的车间，你的课本，就已经是前线了。

这是本书希望建立的，你与芯片之间的最终关系：你是战士，是中国科技自立的守护者，是芯片封锁线的破壁人。

这也是为什么，我们决不会输掉芯片战争。